# 自然科學概論

王應瓊 編著

全華圖書股份有限公司

## 王應瓊

生平喜愛大自然，深入臺灣高山離島，遠赴冰島，
阿拉斯加、非洲、中南美洲等地，探尋古文明和大
自然的奧祕，教學經歷堪稱豐富完備。

**學歷**：中正理工學院化工學士
　　　　中央大學地球物理碩士
**經歷**：台肥廠和武器廠工程師
　　　　中正理工學院教授
　　　　明新科技大學教授
**著作**：儀器分析
　　　　單元操作
　　　　科技電子學
　　　　碧海青山(對臺灣山水的禮讚)
　　　　環遊世界不是夢
　　　　愛情繞著地球跑(短篇小說)
　　　　米雪兒(詩集)

# 序

　　大自然，包羅萬象，浩宇星辰，地球生物；芸芸人類是其中
很渺小的一族，卻是具有智慧能力卓越的一族。人善於利用大
自然，更窮追大自然運行的道理，因而"自然科學"產生焉。
凡吾受教育群眾，皆需學習自然科學；有些學生分門別類專攻
精研，有些學生只需略知梗概。「自然科學概論」乃爲大學學
習文、法、商等科系學生所開設的課程，「自然科學概論」的
課本則以鮮明圖表和簡易敘述編纂，期使非專攻自然科學的學
生們能以最短時間與最少精力，而登自然科學的門檻並略窺其
堂奧，進而融合到自己專長領域並發揚光大。編者不棄才識淺
陋，以擔任教席三十餘年和講授「自然科學概論」十數年的經
驗，編寫「自然科學概論」一書，爲同學們提供適合的學習教
材。書成之日，蒙全華圖書公司允諾付梓出版。 自八十八年初
版以來，已歷十六寒暑。採用本書的老師，時時予以指正，並
提供卓見，至爲感激銘謝。廣大用書同學，隔行如隔山，讀本
書不是那麼輕易。建議不妨多看幾本自然科學讀本和雜誌，或
可觸類旁通，增加知識，擴寬視野，對於事業發展，必大有助益。

中華民國一〇四年元月

# 1

## 自然科學

# 2

## 力功熱

# 3

## 聲光電

目錄

# 7

## 變動的地球

# 8

## 資源與環境

# 附 錄

# 1 自然科學

## 學習目標

1. 探討自然科學與人類物質生活的關係。
2. 略窺自然科學的發展與人類物質文明的演進。
3. 研究自然科學和學習自然科學應具有的態度與方式。

## 1-1 自然科學與人類物質生活

　　人類對其四周的天、地、事、物各項現象與活動，作有規則、有系統、注重眞理、事實、證以實驗且富開創的研究，稱爲**科學**。科學的範圍很廣，可大致分爲人文科學、社會科學及**自然科學**。自然科學的研討以**物質**爲主，由物質而產生能量，能量與物質交互變化而衍生出許許多多**生物**和非生物。在生物中又以「人」最爲重要，由人的智慧與努力而創造了繁眾的科技產品，不但改進了人的生活方式，而且變更了部分自然生態，使得自然界更多彩多姿，因而自然科學又得再分爲物理、化學、生物、地球科學四大部門。圖 1-1 表示此四大學問與我們人類生活的關連。由圖可知，自然科學是人類對大自然探尋的結晶，與人類物質生活息息相關。

## 1-2 人類文明演進

　　非洲的尼羅河流域和西亞洲的幼發拉底河及底格里斯河，可能是人類文明最早的發祥地。古埃及人在公元前二千七百年至公

圖 1-1
自然科學與人類物質生活

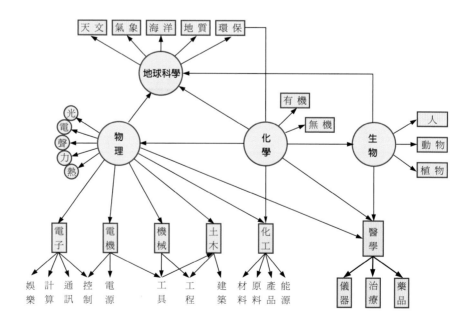

元前一千六百年間建造了許多金字塔及獅首人身(圖 1-2)，充分表明那時人類已具有相當高超的建築技術。古巴比倫人制定楔形文字和觀測天象(圖 1-3)。循竿測日，以再一次看到太陽的時距為一日、訂年(12 月，365 日)、月(30 日)、日(24 小時)、時(60 分)、分(60 秒)，和我們現在採用的計時方式大致接近。古印度河流域出現人類最早的城市，有糧倉和排水道等工程。

圖 1-2
古埃及的人首獅身及金字塔

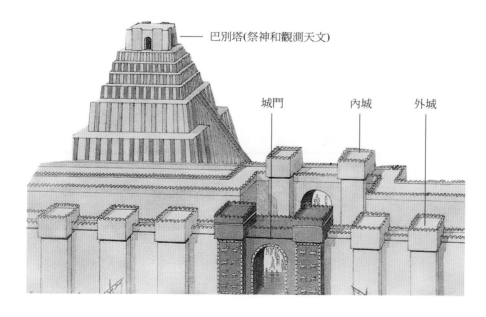

巴別塔(祭神和觀測天文)

城門　　內城　　外城

圖 1-3
古巴比倫城

希臘哲學家亞里斯多德（公元前 322 年）提出四元素，水、火、土、氣為萬物的根源，又有乾、濕、熱、冷四種性質充塞其間，這和中國發軔於商朝的陰陽五行之說類似（圖 1-4），皆是人類對物質基本組成的探討。

亞里斯多德的力與運動觀念，啟發「物體運動與所受力成正比，而與所受阻力成反比」。阿基米得的槓桿原理和浮力定律、歐幾里德的光反射定律，阿爾克邁翁進行人體解剖，發現視覺神經，判斷大腦是感覺和思維器官，這些都是古希臘人對自然科學的巨大貢獻。

中國是農業立國，有關農業生產、水利興建、紡織、製陶、銅鐵冶煉等技術，在春秋秦漢時代（公元前六百年間）都有卓越的成績。最近在陝西出土的秦銅馬車和兵馬俑（圖 1-5），造形與製工

圖 1-4
(a)亞里斯多德的四元素說
(b)中國的五行相剋說（圓弧為相生，直線為相剋）

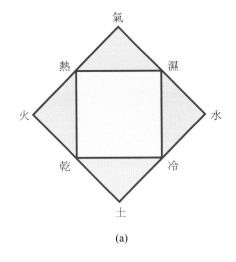

(a)

(b)

圖 1-5
中國秦朝的銅馬車和兵馬俑

之精美就令人嘆爲觀止。至於指南車、造筆、造紙、火藥、活字印刷等重大發明,都是大家熟知之史實,對世界文明進化之影響甚鉅。

## 1-3 自然科學的發展

從十五世紀開始,中國人鄭和的船隊跨過印度洋來到非洲(圖1-6);葡萄牙人從大西洋繞過非洲南端的好望角航行到印度洋;義大利人哥倫布得西班牙王室支助率船隊橫越大西洋抵達中美洲(圖 1-7);葡萄牙人麥哲倫也受西班牙支持經大西、太平和印度

三大洋環繞地球一周。這些航海探險的成功,不但打破許多國家和地方的政治社會平靜,也促進東西方文化急劇交流,更刺激天文、航海、地理、生物、造船、武器等自然科學與技術蓬勃發展。

波蘭人哥白尼的**天體運行論**,展開了有秩序的太陽系藍圖。比利時人維賽里的**人體構造**一書揭開探索人體奧祕的新頁。接著塞爾維特和哈維的**血液循環學說**,都是科學家勇於打破陳舊的禁忌,使人類對自然造物的認識由經驗而提升到理性實踐的層次。

義大利人伽利略自製望遠鏡觀察天體,登比薩斜塔驗證不同重量物體自由落下的速度是否不同

圖 1-6
鄭和下西洋的船艦

圖 1-7
哥倫布和他遠征
美洲的帆船

（圖1-8），開創了實驗是自然科學研究的必經道路。奧人開普勒提出**行星運行三定律**，緊接著英人牛頓綜合先輩努力成果推衍得**萬有引力定律及運動三定律**，天體運行和機械操縱都具有**力**的共同道理，**古典力學**因而形成。

1780 年英人瓦特發明**蒸汽機**，從此機械的推動不再依靠人力和獸力。在此後一百七十年中，新的理論漸漸建立，新的產品不斷問世。熱力學定律、電磁定律、光學和聲學定律一一完備，使**古典物理**趨於成熟。火車、汽車、紡織機、飛機、輪船、炸藥、電燈、電話、電晶體、槍砲等科技產品，一方面使人類生活方便富裕，一方面使人類籠罩在戰爭恐懼中（圖 1-9）。自然科學與技術的急速發展，帶給人類有福有禍，這種情況一直推展到現在，而且更加劇烈。

圖 1-8
伽利略在比薩斜塔做重力實驗

圖 1-9
飛機是重要的交通工具，也是犀利的戰爭武器

圖 1-10
核爆

近百年的自然科技發展極為疾速,累積先人豐富的智慧,為了爭奪財富和應付戰爭,許多國家政府投入大量的人力和財力於自然科技研究,其成果也多彩多姿。

X射線、$\alpha$、$\beta$和$\gamma$等射線的發現,在工程和醫療都有廣泛應用。人類也確定原子中電子依能量而分層,原子核內還有很多奧密逐一揭開。

卜蘭克的**量子論**、愛因斯坦的**光電效應**和德布羅意**物質波**等新的觀念建立,以補充牛頓力學在**微觀世界**中應用之不足。愛因斯坦的狹義及廣義**相對論**推導出物質與能量互換方程式($E=mc^2$,

E是能量,m是質量,c是光速),這是核子彈製造的基本公式。兩顆核子彈投擲到日本(圖1-10)提早結束第二次世界大戰。各國核子發電廠的運轉,解決部分能源短少難題,卻也衍生傷害人體和環境保護問題。

原子和核子奧秘的打開,幫助化學家認清化合物的結構和化學反應細部機制,促進有機化學、生物化學和分子工程蓬勃發展,新的材料不斷推出,又帶動其他科學和工程日新月異。

**半導體**應用到電子電路,使各種電子器材不但趨向於輕薄短小的境界,而且其功能是無孔不入。**電算機**的問世,科學研究和太空發展依賴甚深,細微至人類日常生活用品莫不見有電算機的蹤影,人們暱稱為**電腦**。20世紀是電腦時代。

人類對光的研究和應用已達於極致,雷射的問世,又增添一項光電利器,廣泛應用於儀器、醫學、工程,闖出一片新天地。

奈米是介於分子和原子間的尺度。新的二十一世紀開始,奈米科技已由理論進入實用,將為人類知識和生活展開新的一頁。

火箭是二次世界大戰快結束時的秘密武器，現在已成為人類探險太空的交通工具。1969 年美國太空人阿姆斯壯一腳踏上月球的岩塊是人類向太空發展邁向一大步。圖 1-11 為阿姆斯壯所乘坐的**太空船阿波羅號**。

## 1-4 自然科學的研究與學習

探索前輩科學大師以及傑出工程師們的努力過程，不難發現他們都歷經下列階段，可以作我們學習科技明鏡(圖 1-12)。

### 1.觀察

注意四周的自然變化，發掘問題，思考應如何去著手解決問題。

### 2.實驗

設計實驗以探究真理真象。如果是作地質或生物方面的研究，那就要搜集標本並作解剖觀察。

圖 1-11
阿波羅太空船

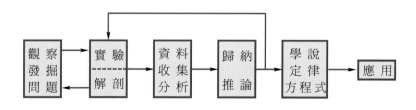

圖 1-12
自然科學的研究

### 3.分析

將實驗或收集所得的資料，善用電腦加以整理分析歸類，採用邏輯推論和數學演繹等方法，尋找其中的一致性和相異點，大膽提出假設。

### 4.結論

再度剖解、再設計新實驗、收集更多的資料，以驗證初步假設的真實性。重複以上各步驟使假設所含的瑕疵減至最少。

### 5.公布

將所得結論撰寫成報告公布於世，虛心接受公眾的討論與指正，經過一段時間考驗，可能形成定律或導衍成方程式。

### 6.應用

由科學界或工程界廣泛應用，使學說或定律更臻於成熟和真實。

近代科技發展急速，某一件科學研究的成功，或許是一組許多各具專長人員發揮團隊精神竭盡智慧的結晶。成功不必盡其在我，每一個人盡一己之本分與努力，人類文明必獲進步，這個世界將更美好。

不是以自然科學為志職的人，或許覺得以上所述陳義過高；一個非自然科系的學生，是否可從簡易可行的方式著手，吸收自然科學知識呢？

### 1.不排斥、不畏懼

不要把自己的生活與工作拘束在一個小圈圈中，而不與其他知識接觸，人生存在大自然中，不一定要對每一件事物都要打破砂鍋問到底，但略知其梗概是有其必要的。雖然隔行如隔山，如能抓住重點，善用方法，淺顯的自然科學知識是不難吸收的。

### 2.多閱讀、多發問

擔任「自然科學概論」的老師應以啟發學生的自然科學興趣為己任；學生切切不要以通過考試為滿足。目前我們各級學校圖書館及市面書店中充斥許多圖文並茂的科學益智書籍及雜誌，希望同學們常常涉獵，依自己的程度和興趣去選讀。在閱讀過程中如遭遇疑惑和困難，應該很勇敢地表達出來；在您的四周一定有很多在自然科學領域中的同學、老師和工程師們，會給您幫助與解答。

### 3.多參觀、多體驗

位於臺北新公園的博物館、士林的科學教育館(圖 1-13)，臺中的國立自然博物館，您於最近曾去參觀嗎？如果沒有，請您盡早去參觀。各館展示內容豐富生動，是最好的自然科學教室，可令您於最短時期內吸收最多自然科學知識。如果您有機會到其他國家工作或旅遊，不要忘記抽空去逛逛當地的博物館。英國是近代科學工程發祥地，倫敦的大英博物館和伯明罕的科學與工業博物館值得您一遊。法國巴黎是世界上最美麗的都市，它所擁有各種類別博物館數目之多也是冠於全球，到巴黎自然科學城是遊覽也是學習。美國是近代科技龍頭，紐約的自然科學博物館與西雅圖的航空博物館也是世界上少有的。「遊一座博物館，勝讀一本書」，希望您能親身印證。

當然，如果您有機會參觀工廠千萬不可錯過，看看工人是如何辛勞和工程師是如何竭盡智慧，他們把不起眼的原料轉換成有用的各種產品，是不是也會引發您開發新商品的企圖呢？如果您對醫學有興趣，醫院是最好的見習場所，所謂「久病成良醫」，當

圖 1-13
台北天文科學教育館

圖 1-14
美國大峽谷

然最好不生病，到醫院去做義工必可獲得許多醫療知識。如果您對生物和地質有興趣，臺灣的東北海岸、墾丁、阿里山、玉山那是最好的野外教室；美國的大峽谷(圖 1-14)赤裸裸告訴您地層形成的故事，冰島的火山和冰原是地球兩個極端性格。注意氣象，看看天上日、月、星的位置變化吧！那都是鮮活的自然科學教材，只要您對自然奧祕有興趣，大自然永遠會提供您新的探尋境界。

# 1-5 重點整理

### 1.自然科學分類

物理、化學、生物和地球科學四大部門，再衍生到醫學、環保和各種科技、工程，皆與人類生活息息相關。

### 2.自然科學的重要紀事

(1)公元前 332 年亞里斯多德提萬物四元素說。

(2)十五世紀哥倫布航海到中美洲。

(3)十七世紀牛頓提出運動三定律，奠定古典物理基礎。

(4)二十世紀愛因斯坦提出相對論，威力強大的核子彈陸續問世。電算機發明，人類進入電腦時代。

(5)雷射、奈米產品的威力，不可輕視。

### 3.研究自然科學步驟

觀察、實驗、分析、結論、公布、應用。

### 4.學習自然科學二不四多

不排斥、不畏懼、多閱讀、多發問、多參觀、多體驗。

# 習 題

1. 讀本章有關自然科學的發展，請您擇一作補充說明。
   (1)中國的科學發展
   (2)臺灣的科學發展
   (3)某一科學家小傳
2. 找機會到臺灣各自然科學博物館參觀，寫一篇包括插圖(自攝照片或向館方索取資料)的「參觀心得報告」。
3. 以自己的觀點，或以自己現在或將來從事的行業為基礎，評述自然科學對現代生活的影響。
4. 寫出你對汽車、電玩、奈米產品的認識。

# 2 力功熱

## 學習目標

1. 複習牛頓三定律及其應用
2. 認識各種力的效果
3. 明瞭熱、功、能、功率的意義及其應用
4. 認識流體的性質及應用流體力學的科技產品
5. 認識現代生活中，各種熱機

## 2-1　牛頓運動三定律

　　研討宇宙萬物的物理性質，不論物體的大小，初步均可一律視為**質點**，以簡化問題之研討。質點在空間的**位置**可用**坐標**表示，位置不但有大小而且有方向，稱為**向量**。另外，質量與時間就沒有方向性，相對地稱為**純量**。

　　質點的位置不隨時間而變稱為**靜止**，如果隨時間而變就稱為**位移**；有位移就有**運動**，靜止不過是運動的特殊狀態而已。位移也是向量。位移的方向不變，僅其大小改變，則為**直線運動**。位移對時間的變化率稱為**速度**，速度對時間的變化率稱為**加速度**。速度的大小及方向都不變為**等速度運動**。速度的大小和方向中有一個或二者改變了，是為**加速度運動**。加速度運動也再分為**等加速度運動**和**變加速度運動**。例如我們駕駛汽車，剛起步前進是加速度運動，在平坦直線公路上正常行駛多採用等速度，遇上紅燈要剎車是負加速度運動。「負」表示加速度方向與進行方向相反。圖 2-1 再示明其他形式的運動。

　　牛頓是研究運動最有成就的人，他提出**運動三條定律**，是古典力學的基礎。

　　第一定律　**慣性定律**　物體所受的外力或合外力為零時，靜者恆靜，運動者恆作直線等速運動。

　　第二定律　**加速度定律**　物體所受的外力或合外力不為零時，則沿力的方向產生一加速度，此加速度的大小與合力成正比，與

圖 2-1
各種形式的運動：
(a)彈簧振動為直線
　等加速度運動。
(b)風車旋轉為等
　速率圓周運動。

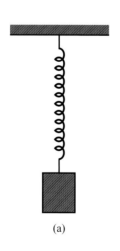

(a)

(b)

物體的質量成反比。

第三定律　**反作用力定律**　施**力**於一物體，必產生一反作用**力**，施力與反作用力大小相同，方向相反。

研讀牛頓三定律，不難發現其中有一個很關鍵的物理量，它就是**力**。力是什麼？簡單的說，它就是改變物體運動狀態的原因。

本書介紹自然科學以敘述為主，儘量不涉及計算，但自然科學是一門「**量**」的科學，必要時宜用數字及單位來表明。本書採用**國際標準單位**，也就是 MKS 制，長度的單位是公尺(m)，質量的單位是公斤(kg)，時間的單位是秒(s)，力的單位是牛頓(NT)。1 牛頓的力可使 1 公斤的物體產生每秒平方 1 米(公尺)(m/s²)的加速度。

## 2-2　力的世界

如圖 2-2 所示的實驗，甲、乙、丙所用的力由彈簧稱指示。甲乙各用 10 牛頓的力，和丙單獨用 17.3 牛頓力所產生的效果相當，因而可以說：甲、乙兩力各為 10 牛頓，各與水平方向成 30°的角度時，此二力的合力就是 17.3 牛頓；反之，17.3 牛頓的分

力是甲、乙二力，也可能是其他諸力的組合。合力與分力可用簡單的三角法計算。由這個例子，可以說明力是有方向之量，凡是具有方向性的物理量，必須用向量法來計算。

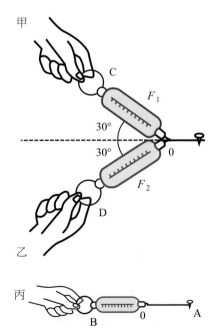

圖 2-2
甲乙兩個力的合力和單力丙所產生的效果相同

圖 2-3
O 點所受的合力為
零，O 點靜止不動

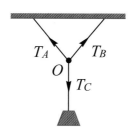

圖 2-3 中的 O 點所受三個力
$T_A$、$T_B$、$T_C$所產生的合力等於零，
O 點靜止不動，這就符合牛頓運
動第一定律，「物體(此例為O點)
所受外力(可推廣為合力)為零時，
靜者恆靜」。這個現象叫做物體
**靜平衡**第一條件─不移動。

土木或建築工程師們是最善
於運用力的平衡，充分表現力的
美妙。看看他們的傑作。圖 2-4
是湖北省小三峽河流上的天龍橋，
工程師們把橋及其載重所產生的
力巧妙地分到兩岸峭壁。圖 2-5
是一座羅馬式運動競技場，建築
物每一段兩側剪應力平均分配且
相互抵消。圖 2-6 是西班牙巴塞
隆納正在興建的聖家教堂，其最
引注目的就是那些高聳雲天的尖
拱頂，主要利用兩旁的飛拱與扶

圖 2-4
橋樑的支撐力由兩
岸峭壁供應

圖 2-5
圓形競技場，建築
物的剪應力均勻分
散，相互抵消，使
建築物平穩牢固

壁，使中間主建築體儘量加高而把重量分散於兩旁，這個道理和疊羅漢遊戲完全一樣。

　　圖 2-7 是上海世博會中國館的巨構，充分表達力的均衡和對稱之美。

　　人用(作用)力推牆，好像牆也在推人，這是牆回敬人的**反作用力**。作用力與反作用力大小相等方向相反，但二者沒有抵消，因爲受力的對象不同。圖2-8中，人拖車($F_1$)，車以反作用力拉人($-F_1$)；人的腳蹬地($F_2$)，地以反作用推人($-F_2$)；人拉動車，車輪順時針方向後轉，給地一作用力($F_3$)，地即以反作用力推車前進($-F_3$)。

　　將槍置於滑桿上，使槍射擊，槍給子彈一向下的作用力，使子彈向下飛行，子彈則給槍身一個後座力，使槍沿桿爬升；不過這個後座力小於地心引力，槍爬升不遠(圖 2-9)。火箭發射時

圖 2-6
西班牙巴塞隆納的
聖家教堂

圖 2-7
上海世博

圖 2-8
作用力與反作用力

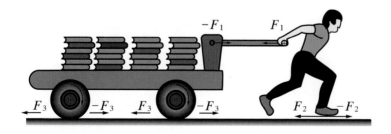

圖 2-9
火箭一飛沖天，和
槍射擊沿桿爬昇的
道理相同

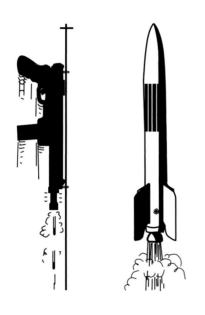

圖 2-10
牛頓

路上等速度行駛，那麼它所受的合外力應該爲零囉！不錯，汽車加油所產生的向前驅動力，正好抵消路面對汽車的摩擦力。汽車踩刹車，是給汽車相反的力量，刹車力與摩擦力的合力大於向前的驅動力，汽車就會減速甚至於停止。這都合乎牛頓運動第二定律的。

電風扇以一定的快慢轉動，但轉動的方向隨時在變，因而是加速度運動；按照運動第二定律，它必定受外力，這個外力叫做**向心力**，由電源提供，保證電扇上各質點都向著圓心運動。

任何曲線運動都有向心力，地球繞太陽旋轉當然不例外，所需要的向心力由太陽與地球之間的引力供應，牛頓(圖 2-10)據此發展出**萬有引力定律**：

**宇宙中任何兩物體間，均有彼此互相吸引的力存在，稱為萬有引力。此力的大小與兩物體的質量乘積成正比，與兩物體間距離的平方成反比，方向沿兩物體的質心連線，向內。**

地心引力是萬有引力的一種，是地球對地球附近萬物的吸引力，也稱**重力**，物體的重量就由地心引力所產生，與物體的質

噴出大量高速氣體，即火箭予氣體強大的作用力，氣體亦以強大的反作用力推火箭上升。如果這個反作用力超過地心引力，那麼火箭就可離開地球而遨遊太空。

作用力與反作用力必定成對產生，且無法單獨存在。

如前節舉例，汽車在直線公

量成正比，與重力加速度也成正比。例如質量為 60 公斤的人，生活在地球表面的重量是 $60 \times 9.8 = 588$ 牛頓，飛行到太空時質量未變，重量消逝為零，登陸月球時重量約為 $\frac{1}{6} \times 588 = 98$ 牛頓，他在地球上能肩負 60 公斤物質，到了月球肩負 300 公斤的物質也十分步履輕快（圖 2-11）。

(a)

圖 2-11
(a)登陸月球
(b)太空人

力功熱

## 2-3　功、能、功率

　　人拉車，車未動，雖然用了力，但是沒有產生效果。人拉車，車動了，所用之力有效果。這種效果我們稱之為功，人對車作了功，車動了，可見功是力與位移共同創造的。力與位移的方向一致，效果最大。經實驗，圖 2-12 中的力與位移所成角度 $\theta$ 逐漸增大，功的效果逐漸減小，當 $\theta$ 為 $90°$ 時，也就是力與位移垂直時，不產生移動效果，即功等於零。因而可定義功為

$$功 = 力 \times 位移 \times \cos\theta$$

　　動的車可以送貨品也可能撞人，比靜止的車多了能，這種能稱為**動能**，經實驗並賦予定義：

(b)

$$動能 = \frac{1}{2} \times 物體的質量 \times 物體速度的平方$$

　　用手提物，我們要用力以平衡地心引力，但沒有產生效果。

把物體提到樓上，物體位置升高，對物體作了功，物體從樓上落下，可能傷人也可能傷及物體本身，樓上的物體較地上的物體多了**能**，這種**能**稱為**重力位能**，簡稱**位能**，其定義是

$$位能 = 物體的質量 \times 重力加速度 \times 相對高度$$

一般以地面的高度為零，與獲得的方式無關（圖 2-13）。

同理，手拉彈簧作了功，增

圖 2-12
功與動能。v 表速度，如果 $v_2 > v_1$，人所做的功，增加了車的動能。

圖 2-12
功與動能。v 表速度，如果 $v_2 > v_1$，人所做的功，增加了車的動能。

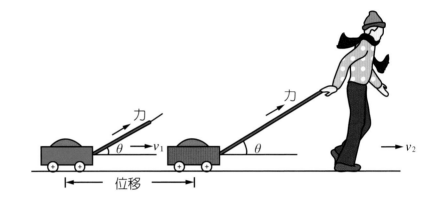

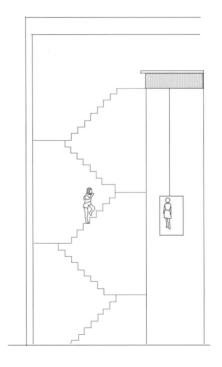

圖 2-13
位能與位置及質量有關，與如何獲得無關。

加彈簧的**彈性位能**，其定義為

$$彈性位能 = \frac{1}{2} \times 彈簧的力常數$$
$$\times 彈簧拉長或縮短$$
$$的長度的平方$$

　　硬而不容易拉動的彈簧，其力常數大。（圖 2-14）

　　動能、重力位能、彈性位能三者總稱為**機械能**。另外，只要**物體在地面附近有位移就伴隨而產生的摩擦功**，其定義為

$$摩擦功 = 摩擦力 \times 位移$$

　　摩擦力永遠與位移方向相反，摩擦功永遠是消耗性的，為負值，多轉換為熱散失在空中。

　　功和能都是純量，它們的單位都是焦耳。用 1 牛頓的力使物體產生 1 米的位移，所做的功為 1 焦耳。

　　老師出了十個題目，甲學生整天俯首書桌沒有做完，乙學生只花了半天時間就做完了；因而老師說，甲學生做題目的效率比乙學生差。效是效果，率是與時間有關，因而做功（課）還要看能否在某一時間內完成。把功和時間兩個量結合成一個新的物理量叫做**功率**，其定義為

$$功率 = \frac{功}{時間}$$

　　功率仍然是純量，它的單位是**瓦特**，在 1 秒鐘內作 1 焦耳的功，所需要的功為 1 瓦特。1780年英人瓦特發明蒸汽機時，表示他的機器可以代替多少匹馬做功，因而用**馬力**來表示機器所產生的效果。1 匹標準的馬所具備的馬力，是在 1 秒鐘內可使 550 磅重的物體移動 1 英呎。經過單位的換算得

$$1 馬力 = 746 瓦特$$

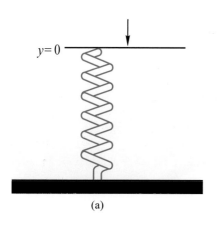

(a)

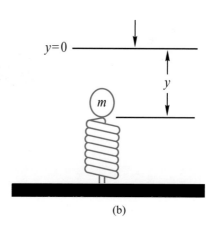

(b)

圖 2-14
未被壓縮彈簧(a)的能量比被壓縮彈簧(b)的能量小

1 瓦特的 1 仟倍叫做**仟瓦**。我們會發現瓦特也用在熱、電等方面，實際上各種能量都是可以互相交換的，將在下節討論，因而無論是光能、熱能、電能、核能、化學能，以及它們所做的功，都可以用焦耳來表示，涉及時間的能率和功率，就可用瓦特來表示。

$$功 = 功率 \times 時間$$

那麼仟瓦小時就是功或能的單位了。假若我的電燈是 100 瓦特，用了 10 小時，電力公司就要向我收取 1 度電的電費。

$$
\begin{aligned}
1 \text{度電} &= 1 \text{仟瓦小時} \\
&= 1000 \text{瓦} \times 3600 \text{秒} \\
&= 3.6 \times 10^6 \text{瓦特-秒} \\
&= 3.6 \times 10^6 \text{焦耳}
\end{aligned}
$$

有兩部相同質量的汽車，都要用 20,000 牛頓的力來推動它們。其中有一部是普通轎車，一部是跑車，那一部所需的馬力大？很明顯地，跑車需要的馬力大，因為它的速度大。（圖 2-15）

$$
\begin{aligned}
功率 &= \frac{功}{時間} = \frac{力 \times 位移}{時間} \\
&= 力 \times 速度
\end{aligned}
$$

## 2-4　功能守恆

宇宙中充滿各式各樣的能。太陽輻射熱能，閃電轟雷有光能、聲能，電場磁場具有電能和磁能，植物生長和動物運動有生物能，各種化學變化有化學能等等。能與功可採用相同的單位，焦耳，

圖 2-15
質量相同的兩部車，跑車所需要的馬力大

馬力小，速度小

馬力大，速度大

同為沒有方向性的純量，可相互交換變化而各有增減。在牽涉功與能的交換中，皆遵從**功能守恆**定律。這個定律敘述和表示的方式很多，但它是在示明宇宙一項真理：**功和能不會無緣產生，也不會無故消失**。如果用公式來表示：

對系統所做的功＋系統初狀態各種能量之和＝系統所做的功＋系統末狀態各種能量之和

**系統**是您考慮對象的範圍，可能是一個物體，也可能是許多物體的集合。應用此定律時，各類涉及的功及有改變的能量均應考慮。摩擦所做的功永遠屬於系統對外界所做的功。

如果系統只有單純的機械能改變，外界沒有對系統作功，系統也沒有對外界作功，所產生的摩擦功也微小不足計較，則上式可簡化為

系統初狀態各種機械能之和＝系統末狀態各種機械能之和

稱為**機械能守恆原理**。

圖 2-16 為在遊樂場中常見的雲霄飛車，車衝上摩天輪軌道上頂點，又循著軌道俯衝而下，不

圖 2-16
雲霄飛車是利用動能與位能互換而繼續運行

致於脫離軌道而繼續循環行駛，有賴工程師們精確計算適當控制車行速度。車從底端進入摩天輪已賦予相當高的速度，也就是有足夠的動能。嗣後行駛，動能逐漸減少，位能逐漸增加。至頂點，位能最大，動能為零。過頂點後，位能釋出轉換成動能，繼續次一循環的衝降。如果車與軌道間沒有摩擦，車可在軌道上永遠循環不停；事實上，車需靠額外的動力供應以抵消摩擦而確保車順利運行。

機械能守恆原理僅適用於機械力學範圍；功能守恆原理廣泛應用於物理世界。

臺灣的河流急促短窄，對土地的浸潤貢獻區域不多；我們已在各河流適當地點建攔水壩，蓄水成庫（圖 2-17），充分利用水的資源作防洪、發電、灌溉、休閒之用。茲以發電用途為例說明能量的轉換過程。大壩蓄集河流上流各主支流水的動能，轉換成水庫水的位能。一旦閘門打開，將水導入發電機廠內，水的位能又變成巨大的移動能，衝動發電機的渦輪帶動發電機運轉，產生電能。此發電廠排出的水如仍帶有足夠的位能及動能，可在下游河道再設數個發電廠利用。當夜晚用電量少的離峰時期，下游的發

圖 2-17
水壩攔集河流水的動能及位能，經發電廠轉換成電能

電廠可利用剩餘的電能，經抽水機將水抽至上游水庫循環使用，此又是電能 → 抽水機的動能 → 水的動能 → 水的位能的轉換例子。

## 2-5 靜態流體

任何人都會感覺到「身體浸入水中」，「水有托住身體向上之力」。二千年以前，阿基米德注意到這個問題，並且設計實驗來找尋這個向上的托力，我們現在稱為**浮力**，究竟有多大？他把浴盆盛滿水，人體浸入水中，溢出的水稱量，恰巧等於他的體重。於是他興奮地大叫「我知道了」。

**當物體全部或部分浸沒在液體中時，物體受到的浮力，等於物體所排開液體的重量。**

這條相當古老的物理定律，**阿基米德原理**，可用一彈簧稱再予證明。如圖 2-18 所示，鐵塊在空氣中重 40 牛頓，置於水中僅重 25 牛頓，溢出的水恰為 40 － 25 ＝ 15 牛頓。

如果放一塊冰塊於水中，冰塊的密度（等於質量除體積）比水的密度小，冰塊只有一部分沉於水中，一部分露出水面，它所排開水的重量就等於整個冰塊的重量。物體密度等於或小於液體的密度則上浮，如果大於液體密度則下沉。

冰、木材的密度小於水的密度而浮於水面，人在海水中較在淡水中容易浮起，是因為海水的密度較大。鋼鐵的密度甚大於水，但鋼鐵造的船中容納甚多密度極小的空氣（圖 2-19），輪船整體密

圖 2-18
阿基米德原理

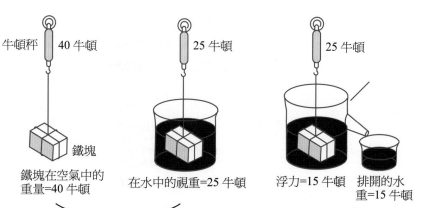

牛頓秤　40 牛頓　　　　　25 牛頓　　　　　　25 牛頓

鐵塊

鐵塊在空氣中的　　在水中的視重＝25 牛頓　　浮力＝15 牛頓　　排開的水
重量＝40 牛頓　　　　　　　　　　　　　　　　　　　　重＝15 牛頓

減少的重量＝浮力 15 牛頓

度小於水的密度，故輪船可以浮於水面。潛水艇有一具浮力箱，需要潛入水底時，可將水灌入浮力箱中，使潛艇總重量大於所排開的水重，潛艇受一向下的淨力而下沉。當潛艇要浮回水面時，便將空氣壓入浮力箱排除一些水而恢復浮上之力。

阿基米德原理及物體的浮沉也可以應用於氣體。氣體和液體有許多性質類似，最大相同點是二者沒有一定的形狀，如果沒有容器的限制就可以任意流動，所以二者合稱為流體。最大的不同點是氣體的密度小得多，例如空氣的密度在25℃時為每立方米1.2公斤，僅及水的密度每立方米1000公斤的萬分之12。

## 2-6 動態流體

物體在流體中作相對運動，流體就不是前節所述靜靜地停滯在那，而是以相對速度運動。有關動態流體的處理，瑞士人柏努利寫出一則方程式：

$$壓力 + \frac{1}{2} \times 密度 \times 速度的平方 + 密度 \times 重力加速度 \times 高度 = 定值$$

這個方程式可說是功能守恆定理的另一種表示方法，最簡單的應用是計算要用多大的馬力之抽水機，才能把所需要的水抽到高樓上。如果物體的位置高度沒

圖 2-19
鐵製輪船整體密度小於海水，故可在海上浮起

有多大的差別，上式又可簡化爲

$$壓力 + \frac{1}{2} \times 密度 \times 速度的平方 = 定值$$

　　由此式的啓示，科學家可以想到辦法把飛機送上雲霄了。如圖 2-20 所示，飛機在跑道加速，飛機師拉動升降機翼使機頭向上翹，迫使機身上方的空氣被擠壓而流得快，壓力卻減低，機身下方的空氣所占空間大而流得慢，壓力增大。這種機身上下壓力的差別，就是飛機所需的**昇力**。飛機加速度愈來愈快，機頭向上仰的角度愈來愈大，昇力就不斷增加，直到超過飛機的重量，飛機就會離地而飛翔。

　　飛機到達一定高度，要繼續向前飛，機首略向上仰以保持昇力，並且提供推力以克服空氣的阻力，這時在水平方向推力等於阻力，在垂直方向昇力等於機身重量，合乎牛頓運動第一定律。（圖 2-20）飛機下降時，速度減低，昇力亦隨之減低，飛機高度漸漸降低。飛機在上升和下降時要穿過不同層次的空氣，飛機速度不容易控制，另外，下降時與地面摩擦力很大，速度差別很大

圖 2-20
飛機飛翔時所受
之力

飛行最危險的時刻，乘客應安坐於座位上繫好安全帶，以防意外（圖 2-21）。

## 2-7　溫度與熱

**溫度**是用以判別冷熱程度的物理量，是宇宙中各種物理和化學變化的重要控制因素。目前最常用溫標是攝氏溫標，以冰和水共存的冰點溫度爲攝氏零度，以水和蒸汽共存的沸點溫度爲攝氏 100 度，其間等分成 100 份，每一份攝氏 1 度。在攝氏零度下還有更低的溫度，理論上最低的溫度爲攝氏零下 273.15 度，定此溫度爲絕對零度，稱爲凱氏溫標。

$$K(凱氏) = ℃(攝氏) + 273.15$$

目前還沒有界定溫度的最高限制。據推測宇宙在 137 億年前的一陣大爆炸時產生，那時的溫度高達攝氏 100 億度，因膨脹而

**圖 2-21**
**飛機結構**
(錄自 Mémo Encyclopedie)

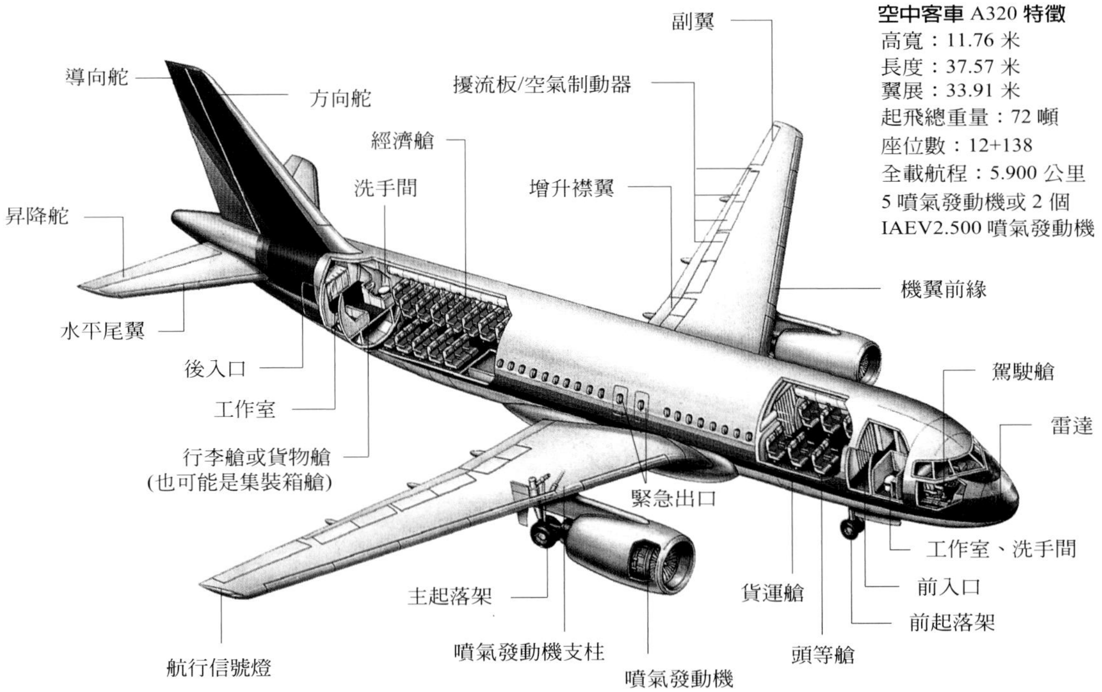

導向舵

方向舵

擾流板/空氣制動器

副翼

經濟艙

洗手間

增升襟翼

昇降舵

水平尾翼

後入口

工作室

行李艙或貨物艙
（也可能是集裝箱艙）

緊急出口

主起落架

噴氣發動機支柱

噴氣發動機

航行信號燈

機翼前緣

駕駛艙

雷達

工作室、洗手間

前入口

前起落架

貨運艙

頭等艙

**空中客車 A320 特徵**
高寬：11.76 米
長度：37.57 米
翼展：33.91 米
起飛總重量：72 噸
座位數：12+138
全載航程：5.900 公里
5 噴氣發動機或 2 個
IAEV2.500 噴氣發動機

消耗能量使溫度漸漸冷卻到目前的 3K。占宇宙中極少空間的恒星群仍保持很高的溫度。太陽內部的溫度有一千五百萬度，使其氫原子熔合成氦原子而釋放出大量熱量，當其到達太陽表面時溫度已降爲 6000K，但仍然是一顆熾熱的星球。我們地球只分到太陽一丁點熱，表面溫度最高是 331K（58°C），最低是 184K（－89°C），這也是生命能存在的大略範圍。與我們日常生活有關的溫度是：焊接金屬 3300K，鐵熔化 1808K，天然氣燃燒 933K，木柴燃燒 523K，水的沸騰與結冰已如前述，水銀凍結於 234K，空氣液化於 73K。接近絕對零度時，最難液化的氣體氫和氦，也會變成液體而至固體了。

熱是能量的一種，任何物質於任何狀態都具有熱。熱能是物質本身內各分子動能及位能的總和，與溫度有關，特稱爲內能。當物質與外界接觸時，有熱量進入（吸熱）或流出（放熱），就可用宏觀的方法來量度物質的內能改變。熱量自然流動與物質的質量及溫度差成正比，比例常數稱爲比熱，是物質的一種特性。

熱仍然可用焦耳作它的標準單位。1843 年英人焦耳做實驗，證明機械能可以完全轉換成熱能，這個轉換量是

$$1 焦耳 = 0.24 卡$$
$$1 卡 = 4.18 焦耳$$

卡是在未明瞭熱的性質前，熱的常用單位（圖 2-22）。

熱從高溫傳送到低溫是一種自然現象。熱的傳送方式有三：傳導、對流、輻射。固體受熱的一端，引起分子振動，而把熱傳送到低溫端，是爲傳導。氣體和液體受熱的部分，體積膨脹，密度減小，較熱的分子因移動而把熱帶到較冷的部分，冷分子被擠到較熱的部分吸收熱，以作次一次的循環。這樣冷熱分子相互交換而達到傳熱目的，稱爲對流。不需藉任何介質傳送熱的方式稱輻射；太陽將熱能傳至地球即其一例。接近高溫火爐感覺得很熱，它的傳熱方式兼有輻射、對流和傳導三種。

絕大多數物體受熱膨脹，遇冷縮小。固體受熱膨脹現象並不顯著，但有些狀況影響很大。例如每段鐵軌間要預留足夠的空隙，以免鐵軌因氣溫或火車行駛造成鐵軌彎曲或不平而影響行車安全。

液體受熱膨脹現象很顯著，例如水銀溫度計，水銀的膨脹率

甚大於玻璃容器的膨脹率，使人們清楚看到水銀成直線上升而指示溫度。氣體的膨脹更是顯而易見，圖 2-23 的氣球，固體製的外囊充滿空氣，再加上吊籃，總重量超過同體積的空氣重，一定升

圖 2-22
焦耳實驗
A、B 兩物下墜，
帶動 C 旋轉使容器
及水所產生的熱
能，和 A、B 減少
的位能相當

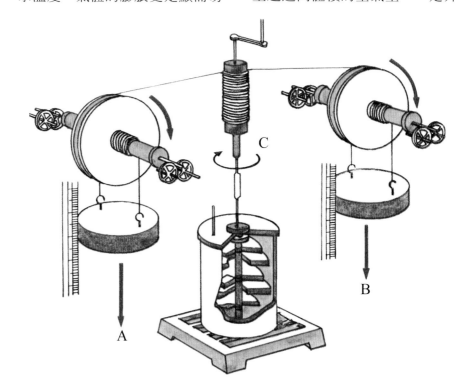

圖 2-23
熱氣球升空

不起來。用加熱器把囊中空氣徐徐加熱，使部分空氣因體積膨脹而排除囊外，總量減少，氣球就可以翱翔天空。

專門研究內能、熱量、功三者間互動關係的學科稱為熱力學。熱力學中有兩個重要定律：

**熱力學第一定律：**
對系統所做的功加上系統的吸熱，等於系統內能的增加。

這條定律還包括系統對外界所做的功，放熱、內能減少等均為負值。這條定律就是功能守恒原理適合應用於熱力學的版本，因為在熱力學中，熱的改變最為重要。

**熱力學第二定律：**

1. 熱自然從高溫流向低溫；如果希望熱從低溫流向高溫，就必須對系統作功。—冷機—
2. 能量轉換過程中必有能的消耗，此消耗能化為逸散之熱；不可能製造一部熱機使熱完全轉換為有用的功。　　—熱機—

以上兩項敘述可相互證明均為真實。冷機即冷凍機、冷氣機。熱機包含蒸汽機、內燃機、噴射引擎等。此二定律可說是製造一切與熱有關連機器的最高指導準則。

## 2-8　冷氣機和電冰箱

在炎熱或眾人集居之地，冷氣機和電冰箱已成為日常生活之必需品，基本的道理就是把不需要的熱抽離，以保持涼爽氣溫。根據熱力學第二定律，必需對系統作功，這項工作由壓縮機擔任。圖 2-24 是一部家用或汽車用冷氣機的循環系統，冷媒為循環過程中吸熱和散熱的介質，以前用氟化物，現已採用不含氟的化合物取代。

以下是冷氣機運行的程序。

**1→2** 室內較高溫的空氣流向冷氣管，所含之熱自然被吸入甚低溫冷氣的冷媒中，經熱交換及水凝結，流入室內之空氣，溫度低水份少。冷媒成為熱媒。

**2→3** 熱媒受壓縮，溫度更高，壓縮機對熱媒做功，須消耗電能。

**3→4** 高壓熱媒經過散熱管時，受風扇的鼓吹使得熱空氣散失於室外。如為大型冷氣機，則採用水或液氨冷卻。熱媒降溫成冷媒。

**4→1** 冷媒經毛細管膨脹消耗能量，使壓力降低溫度降低，再進入冷氣管，繼續另一次循環。

滴液器和乾燥器用以除去冷媒所吸收的水份，使水份不會進入壓縮機。

電冰箱的結構大致和冷氣機相同，冷氣管置於電冰箱內，散

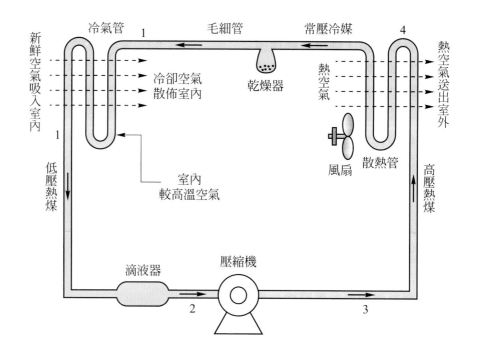

圖 2-24
冷氣機的循環系統

冷氣管　1　　毛細管　　常壓冷媒　　4

新鮮空氣吸入室內

冷卻空氣散佈室內

乾燥器

熱空氣

熱空氣送出室外

1

低壓熱煤

室內較高溫空氣

風扇　散熱管

高壓熱煤

滴液器　　　　壓縮機

2　　　　　　　3

熱管置於電冰箱外，在冷氣管附近裝有電熱器，以自動開關控制除去凝結在管上之霜。

　　將 1 噸 0℃ 的水於 24 小時內凝固為 0℃ 的冰，每小時冷媒要吸收 3300 仟卡的熱。冷氣機常用噸作單位來表示冷卻能力，例如兩噸半的冷氣機，即表示此機在 1 小時內可吸收 8250 仟卡的熱量。電冰箱則以冰箱實際容納食物空間的升數及冷凍維持的低溫來表示電冰箱的工作能力。一般冷凍室溫度應維持在零下 12℃，下層冷藏室則為 4℃ 左右。

## 2-9　汽車

　　汽車是現代人生活的必需品，是各種高科技充分發揮的結晶。人人都可能駕駛汽車，雖不需要自己動手修理汽車，但是每一位駕駛人都需要略懂汽車性能，以便把汽車的功能發揮得淋漓盡致，萬一汽車出了毛病，我們也知道如何面對去解決問題(圖 2-25)。

　　驅使汽車運行的動力來自引擎。引擎以空氣為媒介，不斷吸收燃燒汽油所得熱能，推動飛輪

而作功。按照熱力學第二定律，熱不可能完全轉換爲功，必須有部分的熱逸失，此逸失的熱就隨著廢氣經排氣管逸散到空中，造成空氣汙染，這也是亟待解決的問題。

　　大凡一部機器要連續工作，都需要經歷循環過程。汽車引擎內含有汽缸、活塞、汽門等主件（圖 2-26），歷經下列四個動作構成循環，稱爲四衝程。

## 1.進氣

活塞下行，排汽門閉，進汽門開，油氣進入。

## 2.壓縮

排、進汽門緊閉，活塞上行，油氣被壓縮溫度升高，當活塞接近頂點時，油氣被燃燒。

## 3.動力

油氣體積膨脹而產生動力，推活塞下行，帶動飛輪旋轉。

## 4.排氣

活塞上行，排汽門打開，廢氣排出。

　　一具引擎通常有六或八套汽缸，交互運行，以保汽車平穩駛行。

　　參考圖 2-26，汽車還有許多零組件配合引擎的運行。

圖 2-25
汽車結構

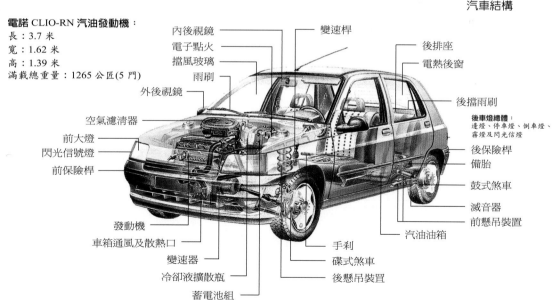

電諾 CLIO-RN 汽油發動機：
長：3.7 米
寬：1.62 米
高：1.39 米
滿載總重量：1265 公斤(5 門)

內後視鏡
電子點火
擋風玻璃
雨刷
外後視鏡
空氣濾清器
前大燈
閃光信號燈
前保險桿
發動機
車箱通風及散熱口
變速器
冷卻液擴散瓶
蓄電池組

變速桿
後排座
電熱後窗
後擋雨刷
後車燈總體：
遠燈、停車燈、倒車燈、霧燈及閃光信燈
後保險桿
備胎
鼓式煞車
滅音器
前懸吊裝置
汽油油箱
手剎
碟式煞車
後懸吊裝置

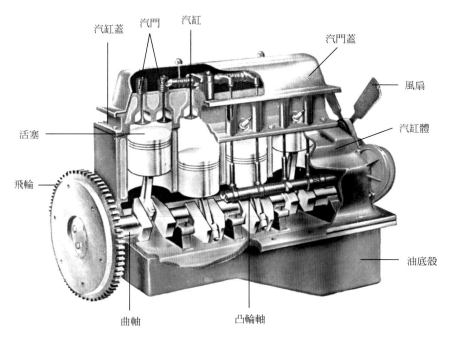

圖 2-26
汽車引擎

汽缸蓋　汽門　汽缸　汽門蓋　風扇　汽缸體　活塞　飛輪　油底殼　曲軸　凸輪軸

### 1.燃料及點火

　　燃料系統有油箱、油泵、空氣濾淨器、點火系統有、分電盤、續斷器（白金）、電瓶。

　　空氣經過濾淨器，濾掉塵埃，與汽油以 16 比 1 混合，化成微滴噴入汽缸。電瓶中的電，經過續斷器、分電盤，於適當時間依序點火。

### 2.潤滑及冷卻

　　金屬機件因運轉難免磨擦生熱而致損毀，機油循潤滑系統使機件磨擦減至最小，且可除去部分熱量。多數車輛用採用濕池式

潤滑，引擎底層儲存機油被油泵打到各部分，汽車每行駛 5000 到 8000 公里要更換機油及機油濾清器。水箱的水在引擎四周循環使引擎溫度不致過高而引起金屬疲乏或危險。水箱的水應經常保持足夠。風扇皮帶磨損了要更換，以確保良好的散熱效果。

### 3.變速及傳動、剎車

　　汽車上坡或較困難道路需要較大動力，車速不宜過快，反之，汽車快速進行時所需動力較小；車速由「齒輪箱」中的齒輪來控制，用手排擋或油壓自動排擋皆

可。當齒輪變換時，轉動系統不可同時接受引擎傳來的動力，此時腳踩下「離合器」使離合片與飛輪脫離，此即「空檔」。齒輪箱中主動齒輪的旋轉方向改變。而使車輛倒退，此即「倒檔」。「差速器」有一個盆形齒輪與小齒輪結合，車輛在轉變方向時，使左右兩邊輪胎有不同的轉速。輪胎氣要足，也不可過多。腳剎車用機油壓力加於四輪上，手剎車由機械及鋼索操縱。

### 4.電系

有電瓶、發電機、啟動馬達、空調、照明設備等，車輛要經常發動使用，電瓶要定時加蒸餾水。電系是汽車中最容易發生故障的部分，輕率添加燈具等電器而改變電路，或超過原設計的負荷，都非常容易造成電系故障。

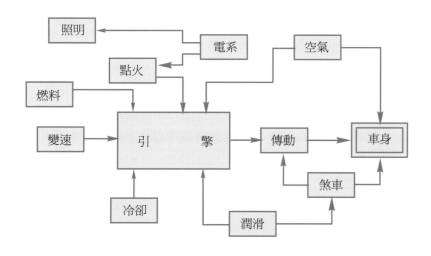

圖 2-27
汽車構造方框圖

# 2-10　重點整理

1. 物理量有兩種，一種是有方向性的，稱為向量，一種是沒有方向性的純量。
2. 運動是以時間為變數，運動狀態有靜止、等速度直線運動、等加速度運動、變加速度運動。
3. 牛頓運動三個定律即慣性定律、加速度定律及反作用定律。
4. 力是改變運動的原因。動量是物體質量與速度的乘積。
5. 任何兩物體間均有吸引力存在，引力的大小與兩物體的質量乘積成正比，與兩物體間的距離平成反比，此稱為萬有引力定律。
6. 力與位移的乘積稱為功。能的形式有很多種；動能位能、光能、電磁能、化學能、核能等。
7. 功率是單位時間所做的功。它的單位是瓦特。電功率是功率的一種，也用瓦特為單位。1 仟瓦小時叫做 1 度電，是電功的單位，等於 $3.6 \times 10^6$ 焦耳。功率也等於力與速度的乘積。
8. 宇宙間有許多顛撲不破的真理，功能守恆定律是其中之一，功和能有許多形式出現，但在一個封閉的系統中，功和能的總值不變。
9. 機械能包括動能、重力位能和彈性位能。如果系統中僅有單純的機械能，且沒有做功，系統的總機械能不變，為功能守恆定律的一個特例。摩擦所做的功永遠是消耗性的。

10. 柏努利方程式

壓力+$\frac{1}{2}$×速度的平方=定值

11. 溫度判別物體冷熱的程度。國際標準單位採用攝氏溫標及凱氏溫標。

12. 熱是能量的一種。物質本身具有的熱能稱為內能，流入或流出系統的是熱量。熱可採用焦耳或卡為單位。

13. 熱的傳送有傳導、對流、輻射等三種方式。

14. 熱力學第一定律：對系統所做的功，加上系統的吸熱，等於系統的內能增加。

15. 熱力學第二定律：(1)熱自然從高溫流向低溫；對系統作功可強迫熱從低溫流向高溫。(2)不可能製造一部熱機，使熱能完全轉換為功，因為必定有熱的損失和散逸。

16. 冷暖氣機、汽車、飛機、火箭、核能發電等是與熱有關的機器，而且必須遵從熱力學定律。

17. 冷氣機用冷媒來運轉，吸熱、壓縮、散熱、膨脹等循環程序。汽車也有進氣、壓縮、動力、排氣等四衝程。

# 習　題

（　）1. 力是一種？　(A)質量　(B)能量　(C)向量　(D)純量。

（　）2. 電風扇旋轉，可算一種　(A)等速度運動　(B)等加速度直線運動　(C)等速率圓周運動　(D)變加速度運動。

（　）3. 物體所受合外力不為零時，則沿合外力方向產生一加速度，此加速度的大小　(A)與合外力成正比　(B)與合外力成反比　(C)與物體質量成正比　(D)與物體質量的平方成正比。

（　）4. 任何兩物體間皆有引力，此引力的大小　(A)與兩物體質量成反比　(B)與兩物體間距離成正比　(C)與兩物體間距離成反比　(D)與兩物體間距離平方成反比。

（　）5. 物體的質量與速度乘積，叫做　(A)動能　(B)動量　(C)位能　(D)合力。

（　）6. 在地面上質量為72公斤的太空人，登陸月球時　(A)他的重量變為零　(B)他的質量變為零　(C)他的質量約為 12 公斤　(D)他的重量約為 120 牛頓。

（　）7. 人拉車，所用的力與車運動的位移間夾角為 $\theta$，下列敘述何者正確？　(A) $\theta$ 愈大，所做的功愈大　(B) $\theta$ 愈小，所做功愈小　(C) $\theta$ 愈大，增加的動能愈大　(D) $\theta$ 愈小，增加的動能愈大。

（　）8. 一隻彈簧原來 0.5 公尺，現在用力把它縮短為 0.4 公尺，它具有的能量　(A)增加　(B)減少　(C)不變　(D)與 0.5 公尺成正比。

（　）9. 物體淹沒在水中，它的重量會　(A)增加　(B)減輕　(C)不變　(D)與所排開水的重量成反比。

（　）10.動能、重力位能和彈性位能，三者總稱為　(A)機械能　(B)摩擦能　(C)機械力　(D)運動力。

（　）11.在國際制度中　(A)力的單位是公斤　(B)功的單位是焦耳　(C)動量的單位是牛頓　(D)功率的單位是馬力。

（　）12.1 度電是 100 瓦特的電燈用　(A)1 小時　(B)10 小時　(C)100 小時　(D)1000 小時所消耗的能量。

（　）13.相同質量的跑車和普通轎車相比，跑車的　(A)速度大，馬力大，動能大　(B)速度大，馬力小，動能大　(C)速度大，馬力大，動能小　(D)速度大，馬力小，動能小。

（　）14.當飛機飛升到一定高度，要繼續成直線等速向前飛行，這時飛機的　(A)推力等於空氣阻力　(B)推力大於空氣阻力　(C)推力等於機身重量　(D)推力等於昇力。

（　）15.水壩攔截河流之水，用以發電，是把水的
（A)動能及位能轉變爲電能　　(B)動能及位能轉
變爲摩擦能　　(C)摩擦能及熱能轉變爲電能
(D)壓力及速度轉變爲電能。

（　）16.輪船能浮行在水面，是因爲　　(A)輪船是鋼鐵做
的　　(B)輪船整體密度小於水的密度　　(C)輪船
整體重量小於河流的重量　　(D)輪船具有足夠的
動能。

（　）17.因摩擦所做的功，它的特性是　　(A)可以全部轉
換爲動能　　(B)可以全部轉換爲位能　　(C)可以
全部轉換爲電能　　(D)可以全部轉換爲消耗性熱
能。

（　）18.下列有關力的敘述，何者錯誤？　　(A)力是一切
運動狀態改變的原因　　(B)力是向量，有大小、
方向和著力點　　(C)有作用力必產生反作用力
(D)火車在作直線等速行駛，它所受的合力不爲
零。

19．熱的傳送方式有傳導、對流和＿＿＿＿＿。

20．汽車引擎的工作循環是＿＿＿＿、壓縮、動力和排氣。

# 3 聲光電

## 學習目標

1. 認識聲光電的性質。
2. 認識發電機和電池的構造及原理。
3. 電力及機械的運輸系統。
4. 認識波動、聲波及電磁波。
5. 明瞭聲音的特質及其應用。
6. 明瞭光的性質及其應用。
7. 電子元件和電路。
8. 廣播、電算機之認識。

## 3-1　發電機

電是能量族中最重要的一員，它和其他能量，例如機械能、熱能、光能、化學能等可作充分的交換。電是人類目前運用最廣泛最方便的能量，一旦停電超過您能忍受的程度，一切不方便且動彈不得。

電流就是帶電物質的流動，尤其是原子外圍電子的行動。驅使物質中的電子變成源源不絕的電流的能力叫做電動勢。目前產生電動勢都要經過兩種裝置：一是電池，一是發電機。

法拉弟感應定律：一電路中的感應電動勢，正比於通過該電路內磁通量對時間的變率。

此定律為發電機的理論根據，磁通量正比於磁場產生的磁力線。一具發電機需要備有下列基本構造(圖 3-1)。

圖 3-1
發電機之基本構造
(a)交流發電機
(b)直流發電機

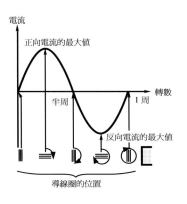
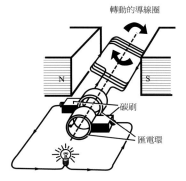

(a)

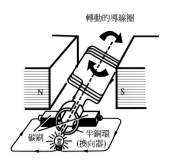
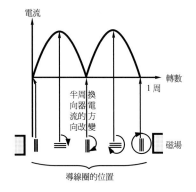

(b)

## 1.磁場

由數對電磁鐵組成，每一對電磁
鐵N極及S極產生穩定的磁場，
亦即提供磁通量。

## 2.電樞

圓柱形鐵心上串聯及並聯繞有許
多組線圈構成電路。當其在磁場
中轉動時產生感應電壓及電流。
帶動電樞旋轉的原動力有來自瀑
布或水壩蓄水的動能，燃燒煤或
柴油的化學能，以及核子分裂的
核能。

## 3.集電環

銅質圓環上嵌有來自電樞線圈的
接頭，收集感應電流。在直流發
電機，集電環剖切為兩個，稱為
整流環。

## 4.電刷

碳粉壓製，與旋轉的集電環緊密
接觸，將感應電流引接到外電路。

這樣產生的感應電動勢及感
應電流，它的大小和正負極性都
隨時間而變，稱為交流電，每秒
鐘變化一個周期叫做 1 赫，一般
市用交流電為 60 赫，110 伏特或
220 伏特。伏特是電動勢或電壓
的單位。交流電最大的優點是它
的電壓和電流可以歷經變壓器任
意變更其大小，而且功率很大。
變壓器是多層平薄的矽鋼片
疊在一起做蕊心，上繞一組或多
組線圈，初級和次級的電壓之比
與其線圈匝數成正比，而電流之
比與其匝數成反比(圖 3-2)。
發電廠發電機所產生的電壓
大約在三千伏特左右，經電廠附
近的變電所把電壓提升到四十萬
伏特的極高壓，再送到輸送電路
上。我們在郊外野地看到聳高電
塔(圖 3-3)就是為支撐此極高電壓

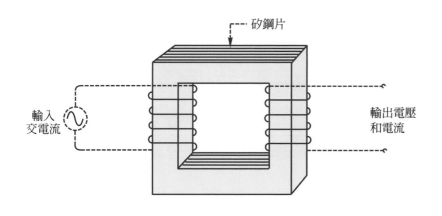

矽鋼片

輸入
交電流

輸出電壓
和電流

圖 3-2
變壓器

的輸送電線而建。電壓愈高,在線路上的電功率損失愈少。到了市區,再經過數次的降電壓操作,使一般住戶能享受到 110 伏特或 220 伏特的交流電源。

## 3-2　高速列車

將交流電能輸送至鐵路各部門,充作能源和動力,這就是鐵路電氣化。"火車"一詞,已名不符實,再加上新建彎曲較少的專用鐵道,改善自動控制與號誌,減少停靠車站,車速逐漸提高。如車速超過每小時 200 公里,即可稱為高速列車,對節省時間、能源、改善環境汙染,有很大的助益。

1964 年,日本東京與大阪間的新幹線通車,是世界第一條高速鐵道。1994 年英法間海底隧道打通,歐洲諸高速鐵道漸形成網。圖 3-4 為穿越英法海底隧道的歐洲之星。中國的高鐵起步較晚,但已快步急追,目前寧(南京)、杭(杭州)、滬(上海)、京(北京)、京漢(武漢)三大幹線已通車且運輸量驚人,各國瞠乎其後。中國高鐵技術,日益精進,正在協助世界各國,建立高鐵網路,圖 3-5 臺灣高鐵也於 2007 年開始營運。

高速列車,尚需在軌道上行駛,車輪與軌道間的摩擦,仍然消耗不少能量。磁浮列車(Magnetic Levitation Train)利用列

圖 3-3
高壓電的輸送

車與軌道的磁性相反，產生磁的排斥力，使車身向上浮約 15 公分，而行駛快速如飛，列車之動力仍由交流電源供給。

圖 3-4
歐洲之星

## 3-3 電 池

電池是製造容易、使用方便的直流電源，唯不能供給大量電能。電池的基本構造是容器、電解液和一對電極。只要電極和電解液之間，有放出電子和接收電子的趨勢的物質，都可以組成電池，但合乎經濟且穩定放電的材料並不多。

電池分為一次電池和二次電池兩大類。一次電池的電極和電解液起化學反應後不能復原，用了一段時間後只好拋棄。二次電池使用一段時間後，經過充電，用外加的電能轉換成化學能，可繼續使用。

鹼性電池，陽極使用鋅放出電子，陰極用二氧化錳接收電子，電解液是鹼性的氫氧化鉀溶液。銀電池，陽極為鋅，陰極為氧化銀和碳粉，電解液為氧化鋅和氫氧化鉀水溶液。以上兩種電池都是一次電池，體積小、能量高、電壓穩定，常用於照相機、計算

圖 3-5
台灣的高速列車

機等輕便電子器材。

二次電池以鉛蓄電池為代表。塑膠硬殼中盛滿硫酸作電解液，陽極為二氧化鉛，陰極為鉛。放電時，陽極與陰極皆與硫酸起作用，生成水、及硫酸鉛而使硫酸濃度減少，硫酸比重下降到一定程度，必須充電才可使用。充電時，電能使硫酸鉛分解成二氧化鉛及鉛，硫酸比重增加，恢復其化學性能，又可重復使用。鉛蓄電池的電壓約為 2 伏特，如需要較高電壓及大電流量，在製造時即可用串聯及並聯的方法達成，亦必定增加電池的體積和體重。

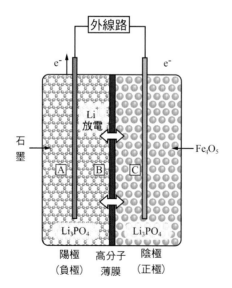

圖 3-6
汽車加自行車，輕
便爽快

圖 3-7
油電車，省油又環
保

圖 3-8
鐵鋰磷酸，磷酸鐵
鋰電池放電

外線路

e⁻　　　　　　　　　　e⁻

石
墨

$Li^+$
放電

$Fe_4O_5$

A　　B　　C

$Li_3PO_4$　　　　$Li_3PO_4$

陽極　　高分子　　陰極
（負極）　薄膜　　（正極）

# 3-4　油電混合車

　　汽油、柴油皆來自石油，石油來自地殼石頭壓榨動植物屍骨成油。天地運行猶悠悠，石油枯竭即臨旋踵。人們慌了，沒有汽車、飛機，怎麼活？開源：想辦法找新能源，開發成本高、效率低、使用不方便、安全有顧慮；節流：眼前可做，但要付諸行動。中程行駛汽車，近程儘量步行或騎自行車，是目前最宜節源的方式（圖 3-6）。

　　油電混合車，車的造價高了一些，但可省 50% 汽油，減少 50% 空氣汙染（圖 3-7）。油電車有兩個關鍵裝置：高效率、高電能，體積和重量並不大，價格不高的電瓶；精密靈巧的電腦控制系統。用電瓶的電，啟動馬達，帶動引擎運轉。車速漸快，汽油引擎加入動力供應。車速慢，仍由電瓶供給動力。車在中高速進行，多餘的動能經發電機回饋給電瓶；電腦擔任分配和指揮的任務。

　　目前，磷酸鐵鋰（$Fe_4O_5$–$Li_3PO_4$）電池（圖 3-8），是最能配合油電車的電瓶。瓶中高分子聚合物只允許 Li 通過。放電時，陽極釋出鋰離子及電子 e，e 流進陰極，已與多餘 Li 結合。充電時，右側之

Li 穿過薄膜以接收外來之 e。Li 是三價元素，原子半徑小，核外有一個 L 層電子，即可以失去 e 成 Li⁺，也可與外來e 在 L 層配成對，形成Li⁻。$Li_3O_4$提供Li⁺和Li⁻，石墨和$Fe_4O_5$提供晶格容納$Fe_4O_5$，此電池迅速迎接放電和充電工作，可耐 160℃的高溫。

## 3-5 氫燃料電池

氫氧化時放出電子，並循環於電路之中，以提供電能且同時放出熱能，如同汽油可驅動機械。氫燃料電池(Hydrogen fuel cell，圖 3-9)，兼具有蓄電池和儲氣(油)箱的功能，舉凡大巴士、小轎車、摩托車皆適用於此，因此前景一片看好。

與同質量的汽油相較，氫放出的能量是汽油的三倍，無二氧化碳、硫化物、煙灰之污染。氫在燃燒(氧化)後只排出水蒸氣，且可回收。

氫在常溫下是氣體，但在容器外與氧混合易產生爆炸，故貯存和運輸時必須慎密考量，其中超低溫(20K)和超高壓($10^6 Pa$)儲運是最常用的兩種方式，但需要堅固的容器及耗費巨大的能量。近來隨著奈米材料日益精進，將鈦、鑭、碳等合金纖維做成的奈米級吸藏板置於儲槽或鋼瓶內，是現今最被看好的方式。也許在不久的將來，街上處處可見的加油站將逐漸被"加氫站"所取代。

**圖 3-9 氫燃料電池**

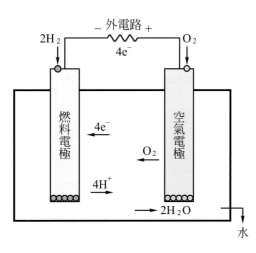

## 3-6　波動與電磁波

波可作各方向的運動。依運動的形式可分為兩大類：

**橫波**：波的振幅與波的行進方向垂直，如電磁波、水波。

**縱波**：波的振幅與波的行進方向一致，如聲波。

波不斷地在運動，必需供給能量，因而波本身具有能量，其大小與波的頻率成正比，與波長成反比。聲波、水波、以及低頻率的電磁波因能量低而傳送不遠。

電磁波包含有電場和磁場的變化，皆與傳播方向垂直（圖3-10）。電磁波的傳播速率，經實驗及理論證明就是光速，光在眞空（或空氣）中傳播的速率為$3 \times 10^8$米／秒。

**電磁波**依頻率的高低可分為下列七大類（圖3-11）：

### 1.伽瑪射線

頻率在15EHz以上，原子核蛻變所產生。醫學上常用某種放射性物質所產生的伽瑪射線殺死癌細胞。

### 2.X射線

頻率在30PHz至30EHz之間，用高速電子撞擊金屬靶，使原子中內層電子被擊出時即可產生X射線。人之肉體可被X身線穿過，但牙齒和骨骼卻不能透過X射線，因而常用來檢查身體某些病變。

圖 3-10　波動
(a)正弦波：（交流發電機所產生的波）
(b)縱波(聲波)
(c)電磁波(光波)

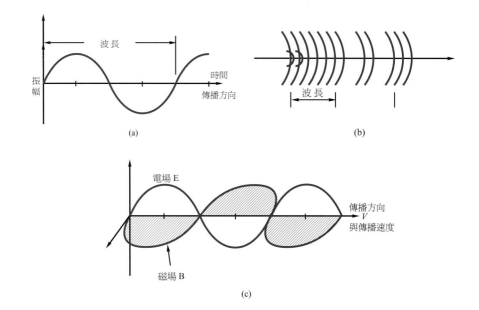

(a)

(b)

(c)

### 3. 紫外線

頻率在 750THz 至 30PHz 之間。原子中外層電子發生能階改變時產生，例如加電壓於充滿氫氣的管兩端，使氫游離，而放出紫外線。太陽光中含有很多的紫外線。紫外線常用來殺菌消毒。

### 4. 可見光

頻率在 400THz 至 770THz 之間。太陽光，普通照明器材所發的光。用稜鏡分析可得紅、橙、黃、綠、藍、紫等六色，以紅色光的波長$7.6 \times 10^{-7}$m 最長。紫色光的波長$2.1 \times 10^{-7}$m 最短。

### 5. 紅外線

頻率在 300GHz 至 400THz 之間，為一般發熱體的輻射。電視機的遙控器發射微弱的紅外線以控制電視機的動作。自動門和許多防盜裝置也採用紅外線的切斷和連接以控制操作的電路。

### 6. 微波

頻率在 300MHz 至 300GHz 之間，用特殊電子振盪器產生，用於雷達、電視、調頻廣播及烹飪食物之用。

### 7. 無線電波

頻率在 300MHz 以下，電子電路振盪所產生，一般無線電通訊、調幅廣播採用。

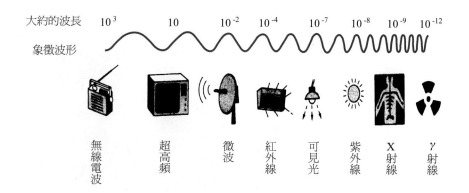

圖 3-11
電磁波譜及其用途

## 3-7 聲音的美妙

聲音是動物耳朵能聽到、腦神經能感覺到的一種波。

要產生聲音，必須供給能量，此能量的來源稱為聲源，例如轟雷、以槌擊鼓，用口說話等。聲音必須依賴介質才能傳到其他地方，真空不傳送聲音。圖 3-12 的實驗，將正在響的電鈴置於玻璃容器中，抽出容器中的空氣，雖可看到鈴槌在振動，但已不能聞其聲音。

聲音在 0℃ 乾燥的空氣中傳播速率約 331 米／秒，溫度每升降 1℃，其速率大約增減 0.6 米／秒。介質愈密，傳聲的速率愈快，在水中約 1435 米／秒，在金屬中約 5000 米／秒。聲音是縱波，波振動的方向與傳播的方向一致。

在聽覺上，有些聲音使人覺得輕柔悅耳，有些聲音卻令人聞之生厭。那些好聽的聲音稱為樂音，它們聲波的波形穩定整齊，有一定之頻率或波長，例如鳥鳴、蟲叫、人聲、樂器演奏等（圖 3-13）。那些令人聞之生厭者稱為噪音，如剁鍋聲、硬物之磨刮聲及工廠機器的嘈雜聲等，它們

的波形極不規則，無一定的頻率。決定某種聲音的特質，採用三大要素，音調、音品、音量來表示。

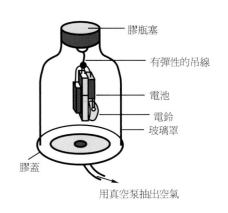

膠瓶塞
有彈性的吊線
電池
電鈴
玻璃罩
膠蓋
用真空泵抽出空氣

圖 3-12
聲音不能在真空中傳播

圖 3-13
樂器演奏

● **音調**

由聲源的振動頻率決定。由於頻率與波長成反比，故頻率愈大或波長愈短的聲音，其音調愈高，而頻率愈小或波長愈長者，則音調愈低。一根細短的繃緊弦線所發的聲音必較高，粗長而鬆弛的弦線的聲音必較低。人所發生的聲音乃由聲帶之振動而來，頻率約自 40 赫到 1,000 赫。女子或兒童所發聲音約 272～558 赫，男士或老人所發之聲音約 95～142 赫，此乃女人或兒童的聲帶薄而短，唱起歌來十分高昂嘹亮，而男人的聲帶厚而長，聲音卻十分低沉醇厚。

● **音品**

又稱音色，每一個發音體都有他自己獨特的音色，對我們所熟悉的人，我們可以聞其聲而辨知其人。除了音又以外，任何一發音體所發出的聲音有強度最大的主頻率，還有稱為泛音的許多強度較弱的倍頻率。一種聲音是否悅耳與此聲音是否包含豐富的泛音有關。

● **音量**

也稱響度，聲音強弱的程度，與聲音振幅平方成正比，常用分貝來表示。零分貝是人類恰可聽得到的音量，正常談話聲約 40 分貝，臺北火車站前聲音高達 80 分貝。如果聲音超過 100 分貝，那大概是飛機的引擎聲或強烈爆炸聲，震耳欲聾了。

任何一種波都具有反射、折射、干涉、繞射等現象，聲波也不例外。人們在巨大建築間或山谷峭壁，常常可以聽到自己的回聲，這就是聲音的反射現象。聲納是利用超音(聲)波的反射而製成的儀器，很有效的探測水中物體性質與位置。

人類只能聽到某個頻率範圍內的聲音，約由 20 赫到 20 仟赫。聲頻範圍超過 20 仟赫的聲波，叫做超音波。在黑暗中，蝙蝠是靠超音波來幫助它們飛行。它們發射頻率由 20 仟赫至 120 仟赫的超音波，超音波被固體物體反射，根據收回訊號的時間，蝙蝠就可以知道障礙物離牠們有多遠。科學家發現蝙蝠能夠成功地避開直徑僅有 0.5mm 的金屬線，而不觸及。

應用超音波的回聲勘測系統叫做聲納（水聲測位儀），應用它來探測潛水艇（圖 3-14(a)），它的工作原理跟蝙蝠的飛行系統相同。漁船也應用聲納來探測魚群或海水的深度。照相機應用聲納來自

動對焦。照相機先送出超音波訊號，當它被拍攝的物體反彈回來時，照相機可以量度出這一段時間，而照相機的電子控制電路就根據這一段時間來調整透鏡，使它能正確地對焦(圖 3-14(b))。

在醫學上，超音波用來診斷疾病。超音波可以聚焦於人體各個不同的部位，當它被某些器官反射時，可以用來拍攝電子照片。由於人體有些部位拍攝 X 射線照片是有危險的，因此用超音波技術來研究這些部位就顯得特別有用。用超音波掃描器拍攝的圖像，可以顯示出懷孕婦女體內的胎兒。另外，超音波手術刀、加熱治癌、體外粉碎結石等治療手術，現已廣泛採用。

## 3-8  光的性質

光是一種擾動，電場和磁場在不斷地交換，其傳播速度為光速(C)，廣義的光即電磁波。

C ＝ 3×10⁸ m/s(米/秒)

有週期 T(s)、波長λ(m)、頻率 f(1/s，每秒次數)、能量 E(焦耳 J，電子伏特 ev)。

$$C = \lambda/T = \lambda f$$
$$E = hf = hC/\lambda$$
$$1\ ev = 1.6 \times 10^{-19} J$$
$$h = 6.626 \times 10^{-34}\ m^2\ kg\ /\ s$$

h 為卜蘭克常數(planck's constant)，光是質點(物質)也是波，光具有質點與波的雙重性，只是在某些狀況時質點的性質較顯著，另一些狀況下波的性質較

圖 3-14
(a)用聲納探測潛艇
(b)照相機發出超聲波以自動對焦

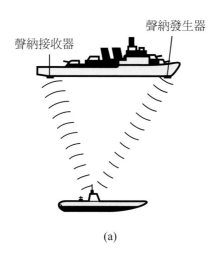

聲納接收器　　聲納發生器

(a)

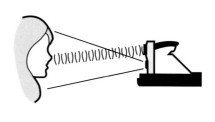

(b)

顯著。這種雙重性在其他物質或物理現象也會發生。

光和聲音一樣，有反射、折射、干涉、繞射等現象，所以光是波已無疑問。狹義的光是人眼可見的光，只是電磁波中的一部分，廣義的光就是電磁波。光沿著直線前進，人稱光線，在十七世紀人們就相信光線是由許多小的質點或微粒組成，可穿透物質，也可自不完全透明的物質表面反射，射到眼睛會刺激神經而產生視覺。直到 1905 年愛因斯坦提出光電效應，才確立光的質點特性。

愛因斯坦認為光將能量集中成束在空間進行，此光束稱為光子。以適當波長（或頻率）的光照射於金屬表面，使金屬原子中的電子得以逸出的現象，稱為光電效應。這樣所產生的電子稱為光電子，由光電子所形成的電流稱為光電流。

光遇障礙物會發生反射，光線入射的角度就等於光線反射的角度，此即光的反射定律。

人們照鏡子，看到像在鏡後，明明知道鏡後塗有不透光的水銀物質，這是因為光的反射以及光線直進的錯覺結果。如圖 3-15 入射角為 $\theta_1$ 及 $\theta_2$，反射角為 $\theta_1'$ 及 $\theta_2'$，物距等於像距。（圖 3-15）

現代許多摩天大廈利用日光反射鏡將太陽光反射入大廳。日光反射鏡長 30 米寬 5 米，安裝在

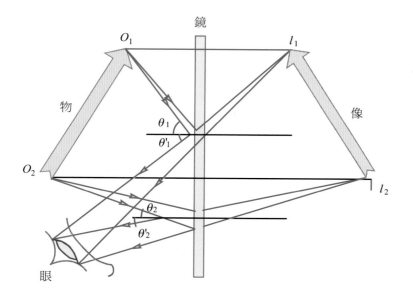

圖 3-15
光的反射

圖 3-16
利用日光反射以節
約能源，日光照明
系統由電腦控制，
反射鏡可跟隨日光
的方向而改變位
置，使全日滿廳生光
(a)設計圖
(b)實景

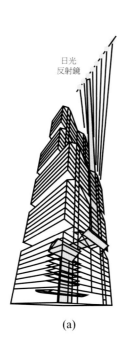

日光
反射鏡

(a)

(b)

建築物外面，離地面約 50 米，由一列和水平面成 19° 角的稜鏡組成，將太陽光反射入大廳樓面上的一系列凸面鏡上，這一系列凸面鏡再將太陽光反射到大廳內。這個照明系統是由電腦控制，反射面的角度可隨著陽光的照射方向而改變(圖 3-16)，使大廳的白天都能獲得充分陽光照射，是一個利用光的反射節約能源的很成功例子。

## 3-9　光的折射

光如能透過障礙物將不再成一條直線，並發生折射，光的折射率定義為

障礙物的折射率

$$= \frac{光在真空中的速度}{光在此物中的速度}$$

$$= \frac{光從真空入射角度的正弦}{光在此物折射角度的正弦}$$

透鏡是利用光的折射產生像的光學元件，它的成像及放大率公式是：

$$\frac{1}{焦距} = \frac{1}{物距} + \frac{1}{像距}$$

$$\frac{像高}{物高} = \frac{像距}{物距}$$

圖 3-17 中透鏡的焦距為正值,另有焦距為負值的凹透鏡。因為物距的位置不同及焦距的正負,可能造成像距為正(實像)或為負(虛像),放大率大於 1,小於 1,或等於 1。

眼睛(圖 3-18)中的眼珠恰似一塊雙凸透鏡,它以帶狀的纖維韌梢與睫狀肌相連。當物體所發出的光線由瞳孔進入後,經眼珠的折射,乃在視網膜上形成一倒立之實像,視網膜上的視神經受到刺激,於是將其傳至大腦而產生視覺作用。雖然視網膜上的像是倒立的,但由於長久的經驗與習慣,加上其它的輔助作用,腦神經會自動認定物體是正立的。在視網膜上的成像約可保留十分之一秒,叫做視覺暫留,電影在 1 秒鐘內放映 24 張圖片,使人們覺得圖片的畫面與動作是連續不斷的。

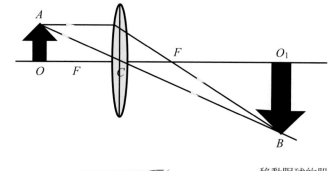

圖 3-17
透鏡成像之一例

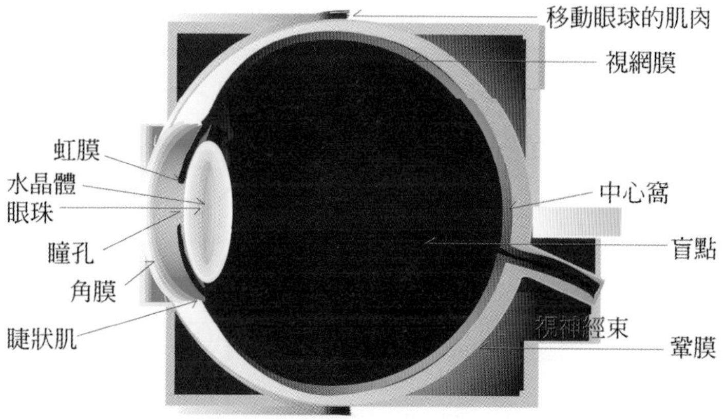

圖 3-18
眼睛的構造

移動眼球的肌肉

視網膜

虹膜
水晶體
眼珠
瞳孔
角膜
睫狀肌

中心窩

盲點

視神經束

鞏膜

睫狀肌的作用，主要是經由它的伸縮而調節眼珠的曲率：觀察遠方物體時，睫狀肌鬆弛而使睛珠趨於扁平，因此曲率減小而焦距得以增大；觀看鄰近物體時，則睫狀肌收縮而使睛珠更圓，亦即使其曲率增大而焦距減小。因此，雖然眼珠與視網膜間的距離（像距）不變，但卻能使不同遠近的物體，均可在視網膜上生成清晰的像。此種作用，稱為眼的調節。在眼的調節作用範圍內，人所能看到的最遠點，稱為遠點，所能見到的最近點，稱為近點。正常人眼的遠點為無窮遠處，近點則在眼之前方15厘米處。與眼前相距約25厘米處的物體，我們看起來最為清楚，且不易感覺疲勞，此一距離稱為明視距離。

正常人眼睛在觀看遠近不同的物體時，生成的像均可落在視網膜上。近視眼的像落在視網膜前，所以要把物體移近眼睛，此缺陷可用凹透鏡製成的眼鏡，如圖3-19(a)中的下方所示。如果物體的像落於視網膜的後方，以致須將物體移遠才能使眼睛看得清楚者，我們稱其為遠視，如圖3-19(b)中的上方所示，其補救方法則要配戴一付凸透鏡所製成的眼鏡，如(b)圖中的下方所示。

## 3-10 全反射

當光線由密的介質進入疏的介質時，折射角大於入射角。如果入射角漸漸增大，使折射角等於90°或大於90°時，即表示光不再折射而只有反射，此現象稱為全反射。能產生全反射現象的最小入射角叫做臨界角。

將鑽石的表面磨成很多小平面（圖3-20），目的就是造成由鑽石頂面進入的光線，在鑽石內部產生全反射，再由頂面折射出來，

圖 3-19
近視與遠視的形成及其糾正方式，左為近視，右為遠視

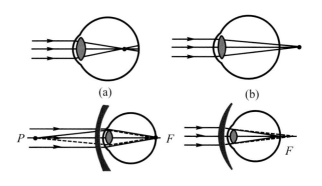

(a)                    (b)

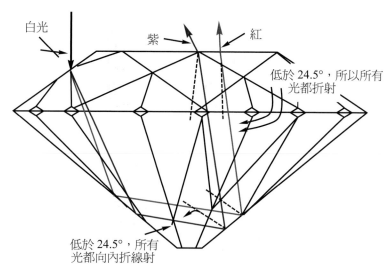

白光

紫　　　　　　紅

低於 24.5°，所以所有
光都折射

低於 24.5°，所有
光都向內折線射

使鑽石看來閃閃發光。鑽石的臨界角約 24.5°。

　　玻璃纖維也具有全反射之特性，光自玻璃纖維束一端射入，經過很多次的全反射之後從另一端射出，有傳導光的信息功能，亦稱光學纖維。玻璃纖維束因爲細小、柔軟、可自由彎曲等之優點，故光學工程師將之製成各種不同規格之內視鏡，光學纖維的前裝了一具定焦距可閃光的超微型照相機，讓醫生們將其伸入彎彎曲曲的人體器官內，如腸胃、氣管、膀胱、輸尿管等，均能一覽無遺，且可拍攝照片或錄影，對醫學上有極大之貢獻。近年來光學纖維被用來亟力發展光纖通信，光學纖維電纜直徑只有傳統銅電纜直徑的十分之一，將電磁波的通信訊號傳送到很遠的地方而不必使用中間訊號放大器，因而易於進行地下的鋪設工程。這種電纜可以傳送大量的電話訊息和其他資料例如電視節目和電腦數據等。同時這種電纜不會受到其他訊號的干擾，也不會被竊取，安全性極高（圖 3-21）。

## 3-11　顯微鏡

### 1.光學顯微鏡

　　一隻凸透鏡就是一具放大鏡，把兩隻凸透鏡作適當位置排列，就可將很小的物體放大看得清楚，這就是顯微鏡的基本構造與原理。圖 3-22(a) 的光學顯微鏡主要是由兩個透鏡組成，一個靠

圖 3-21
光學纖維
(a)光的訊號在光纖
　中傳送
(b)光纖的大小與
　傳統電線(右)的
　比較

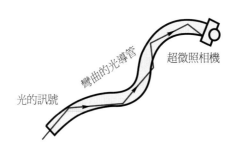

光的訊號　　彎曲的光導管　　超微照相機

(a)

(b)

近欲觀察的物體且焦距甚小的叫做物鏡，另一個焦距較大接近觀察者的眼睛叫做目鏡。通常把欲觀察的物體靠近物鏡的焦點，經折射後得一放大的實像，此像落於目鏡焦點以內，因而獲得更大之虛像。受制於可見光波長的限制，光學顯微鏡的放大倍率只能到達 2500 倍，解像能力只有 $2 \times 10^{-7}$ 米，超過此限度，影像就十分模糊，直到 1930 年電子顯微鏡問世，觀察微小物體的工作邁開了巨大的一步。

### 2.電子顯微鏡

　　光具有波與質點的雙重性，那麼其他事件是否也會有雙重性呢？答案是正面的。電子就是波與質點雙重性非常明顯的例子。我們已熟知電子的質點性質，它的波性質由電子顯微鏡(EM, Election Microscope)的設計獲得有力證明。電子波依電子的能量而定。例如以 100 伏特的電壓加速自電子鎗所射出的電子，電子所獲得的能量就是 100 電子伏特，它所具有的波長為 $1.2 \times 10^{-10}$ 米，這個波長大約和原子的大小接近，因而可以用電子波來觀察原子排列狀況，當然可以研究細胞內的精細構造，使人類深窺生物的祕密。

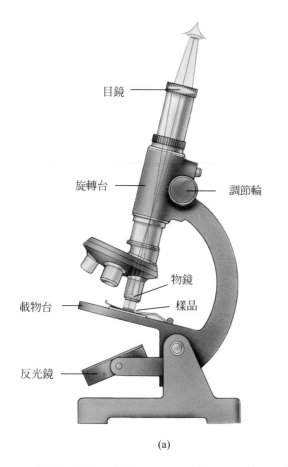

(a)

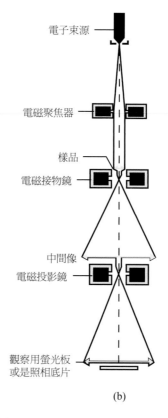

(b)

圖 3-22
(a)光學顯微鏡
(b)電子顯微鏡的
　原理

電子顯微鏡（圖 3-22(b)）仍然是採用光學放大鏡的原理，不過光學透鏡不適用，而改用電場和磁場所組成的電磁透鏡，電子波束就代替了普通光源，電子波束受電磁物鏡和投影鏡的放大作用，放大率高達四百萬倍，細胞中的粒線體和染色體等細微構造都一一顯形。

### 3.原子力顯微鏡

電子顯微鏡的製作和應用成功，物理學又邁開了一大步。量子力學(Quantum Mechanics)確立，凡是具有波和粒子雙重性質者，即稱為量子，應該用量子力學來討論。繼而發展出許多新理論和新技術，諸如穿隧效應、雷射光源、電場蒸發、光束掃描等。新的顯微鏡，掃描穿隧顯微鏡(STM)和原子力顯微鏡(AFM，Atomic Force Microscope)相繼問世，竟然可以進行剝奪、吸附、移動等動作來操縱分子和原子。（參閱圖 4-12）

## 3-12 雷射

微觀世界的粒子,絕大多數位於能量甚低的正常狀態,**基態** $E_g$,極少數粒子位於高能態 $E_1$,$E_2$,$E_3$…,能態愈高,所含的粒子愈少。當粒子吸收外界能量,高能態的粒子增多,但停留的時間極短。當粒子從高能態跌落到較低能態時,多餘的能量即以光的形式放出,此稱為**自發性輻射**,為波長不同,一系列的光線,稱為**光譜**。各光線因能量分散而十分微弱(圖 3-23)。

1958 年,**梅門**(Maiman)用紅寶石做為發光體,外繞以放電管(圖 3-24),管中通以氦和氖,管端施加高壓電,氦和氖原子激烈

圖 3-23
自發光之產生

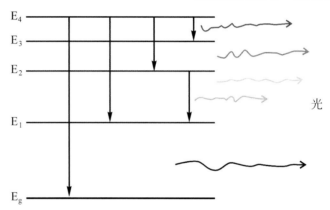

光

圖 3-24
雷射裝置

氖＋氦
提供雷射光的能量

紅寶石含 $Cr^{3+}$
產生雷射光的主體

共振腔,聚集高能態粒子

反射鏡

高壓線圈,提供外加能量

雷射光

激勵光

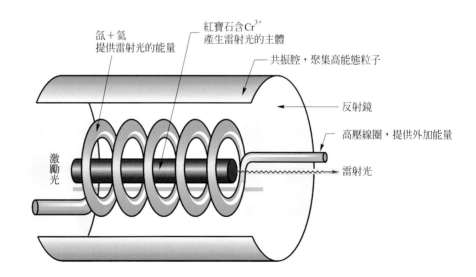

碰撞而放電。氙放出 550nm 波長的綠光，被紅寶石中的三價鉻離子 $Cr^{3+}$ 吸收，使得 $Cr^{3+}$ 高能態 $E_2$ 的粒子增多，此現象稱為**分布反轉**。紅寶石兩端有兩面完全平行的反射鏡，構成共振腔，因此反射光便於聚集 $Cr^{3+}$ 之高能態粒子。當 $E_2$ 粒子群集於 $E_1$，再跌落到 $E_g$ 而放出 694.3nm 的光，十分

強烈（圖 3-25）稱為**雷射**（Laser，Light Amplification by Stimulated Emission of Radiation）。雷射光碰到共振腔的反射鏡後接著立即在兩鏡面間做重覆反射，且數度穿越紅寶石，使更多的 $Cr^{3+}$ 反轉到高能態 $E_2$。電源不斷供給，紅寶石就源源不絕輻射波長相同、方向一致、相位一致、

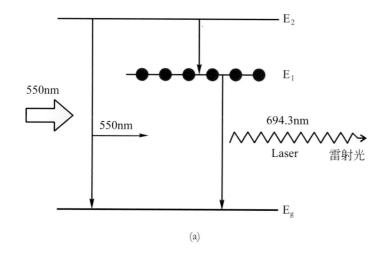

(a)

圖 3-25
(a)雷射之產生
(b)雷射光和普通光之比較

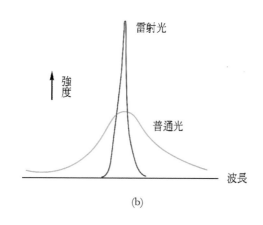

(b)

強度集中的雷射光。可說原來$E_1$到$E_q$微弱的輻射光，因550nm光的激勵，而大大的放大增強。故雷射亦稱為**激光**。

許多氣體、液體、固體、半導體，可用做產生不同波長、不同強度的雷射，應用到各種不同的領域。醫生用來治眼疾和縫治腸胃的雷射手術刀，精巧細膩，幾乎無孔不入。物理學家和化學家用來開發儀器和鑑別微量成分。機械師用來切割鋼板。雷射也是製造電晶體和積體電路的重要工具。曾經從地面發射強力的雷射光到月球，獲得月球表面形態的資料。圖3-26(a)用雷射檢驗隧道的裂縫，雷射儀置於工程車頂上。圖 3-26(b)為雷射進行**全像攝影**(Hologram)，可以獲得三度空間的影像，以及被攝物所發出的一切資訊。

## 3-13 電子元件與電子電路

自從輕薄小巧省電價廉的半導體元件產品問世，電子技術日新月異突飛猛進，電子產品如水灑於地無孔不入。目前常用的半導體材料「矽」，其原子最外層的電子有四個，故為四價元素。

如果純矽中摻入五價元素(例如磷或砷)則多出一個電子帶陰性，稱為N型半導體。如果純矽中摻入三價元素(例如銦或硼)則少了一個電子帶陽性(即為電洞)，稱為P型半導體。元素摻雜越多導電性也越高，因此可用人為方式來控制材料導電行為，因而製造出各種特性的電子元件。

一塊N型和一塊P型半導體結合在一起的元件，稱為二極體，有單向導電作用，即對交流電有整流的作用。

1N2P或1P2N結合在一起，形成PNP或NPN電晶體，中間一塊薄而有控制作用，以小制大，因而有放大作用。把四塊、五塊各型半導體結合在一起，可製造出許多不同的控制元件。有些半導體對光敏感而製成光敏二極體、光敏電晶體或光射二極體等等。

凡是輸出的電壓、電流與輸入的電壓和電流為非直線關係的電子元件，稱為主動元件，如前述的二極體、電晶體及各種控制元件等。凡是輸出的電壓和電流與輸入的電壓和電流有直線比例關係的電子元件，稱為被動元件，電阻器、電容器、電感器(線圈)即是。

電阻的定義是電路中電壓與

電流之比，單位為歐姆，電路符
號為 ——\/\/\/—— 。任何電路中都
有電阻存在，也可用特殊合金做

成電路中所需要的電阻。具有電
阻的元件叫做電阻器。
　　電容的定義為電路中的電量

圖 3-26
雷射的應用

(a) 檢驗裂縫

(b) 全像攝影

與電位差之比，單位爲法拉，電路符號爲 ―||― 。兩片平行的金屬片或半導體中間夾以絕緣體，有儲存電量和儲存電能的功用，這種元件叫做電容器。

將導線外表塗以漆的絕緣體，再繞成螺旋狀，成爲電感器，有儲存磁能的作用，電路符號是 ―ⵎⵎⵎ― 。

將主動元件與被動元件，巧妙地組合成許多電路，是電子設備的中堅骨幹。以下簡述各種電子電路的功能。

1. **整流**：可將低頻率的交流電去掉一半，再用適當的濾波電路，就可將交流電轉換成直流電。此種類似的電路用在高頻電磁波時，稱爲檢波。

2. **放大**：輸出信號隨輸入信號成比例的變化，稱爲「放大」。此種電路可轉換成其他有用電路，在電子學中最爲重要。

3. **振盪**：不斷供給電能，使天然晶體或電容器電感器組成的迴路產生某特定頻率的電磁波。

4. **調幅**：將低頻率電磁波加到高頻率電磁波上，使高頻率電磁波的波幅隨之改變。

5. **調頻**：將低頻率的電磁波加到高頻率電磁波上，使其頻率隨之改變。代表人們意志的聲音和圖像，初步只能轉換成爲傳播不遠的低頻電磁波，須加到能傳播到遠處的高頻電磁波上，調幅或頻調成爲通信設備（包括電視和雷達）中重要電路。（圖 3-27）

6. **變頻**：兩種頻率的電磁波混在一起，產生的電磁波具有新的頻率。

7. **邏輯電路**：產生或處理 0 和 1（即無和有）的信號，爲數位系統中的基本電路。

8. **積體電路(IC)**：在一小塊矽晶片上，同時製作電晶體、二極體、電容器、電阻等元件，並聯結成整體電路，例如 30mm² 矽片上做 $10^6$ 個各種電路。加工的線寬小於 1 微米，矽單晶片的尺寸已達 12 英吋(30 公分)(圖 3-28)。

9. **主機板**：積體電路與被動元件焊接在印刷電路板上，製成主機板，爲許多電子器材的中心設備（圖 3-29）。

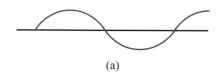
(a)

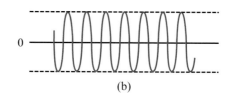
0
(b)

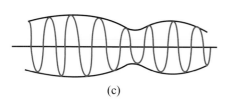
(c)

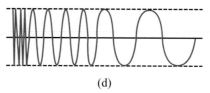
(d)

圖 3-27
無線電波之調變：
(a)音頻信號
(b)載波信號
(c)AM 電波
(d)FM 電波

## 3-14　無線電通訊

　　自從 1895 年義人馬可尼架設電臺，不用導線通訊成功，此後無線電通訊的發展一日千里，而相隔千里的親友，不用一線，也可以心靈相通了。無線電通訊，包括語音廣播及電視，都是由發射電臺發射電磁波，客戶用收訊機接收無線電波，電磁波可說是現代的「超級紅娘」，為現代人類製造親密關係。

　　任何一個振盪器就是一具發射機。所發射的輻射能為連續等幅高頻率電波(CW)，加裝一個電鍵控制其輸出，就可發射電報。為了增加其輸出功率，可增加幾級放大器，使電波更強傳送更遠。為了發射無線電話，可增加調幅器，使載波的波幅隨音頻而變化

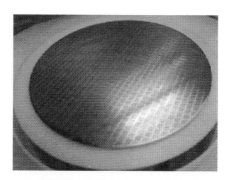

圖 3-28
晶片

圖 3-29
積體電路和被動元件結合成主機板

圖 3-30
發射機方框圖

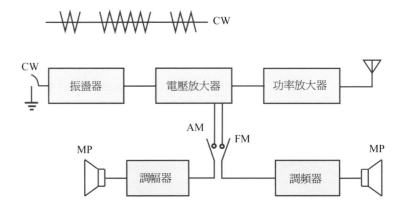

圖 3-31
接收機方框圖

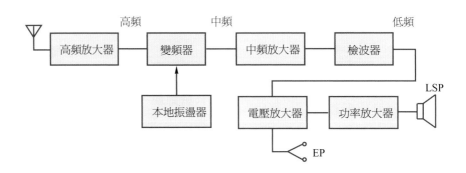

（AM）。也可增加調頻器，使載波的頻率隨音頻而變化（FM）（圖3-30）。

　　微音器（麥克風 MP）利用聲音鼓動金屬片，將電路中的電阻或磁場改變，使聲波的變化轉換成電流的變化。

　　聲音轉換成的電流或電壓，只有幾百到萬餘赫，傳送不遠，高頻載波可達數百萬赫，區分為長波、短波、超短波等，用調幅或調頻的技巧，可將聲音及圖像訊號傳送很遠。

　　任何一個檢波器將所接收的信號中的載波除去，還原成音頻，就是一部接收機，AM與FM的檢波器在電路設計上頗有不同。為了增加靈敏度，提高選擇性和傳真度，接收機的電路也變為複雜。（圖3-31）。

耳機(EP)及揚聲器(喇叭，LSP)均有一具小型電磁鐵，其磁場隨原發射電臺的聲波電流而變化，帶動紙盆在空氣中振動而發出聲音。

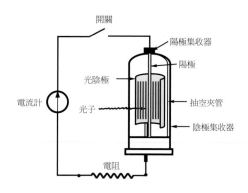

圖 3-32
光電管及其電路

## 3-15 電 視

### 1.電視的傳送和接收

分成聲音、圖像、與彩色信號三部分。聲音的傳送和一般廣播相同，爲調頻波。圖像的傳送係把圖像分成許多光點，藉光電效應轉換成電流。能量足夠的光射到光滑的金屬(光陰極)表面上，可以叩出電子，被陽極吸收構成迴路電流，(圖 3-32)，電流的大小與光的強度成正比，能否產生光電效應與光的頻率有關。此圖像信號以調幅的形式輸出，接收機再解調爲脈動信號，控制電子槍射出的電子，撞擊螢光幕而還原成圖像。光和電的交換作用，稱爲光電效應。

### 2.攝像機

其主件有一片對光敏感的金屬板，鏡頭把所攝物體之光，投射到感光板上，使板上的電子叩出，光度亮，叩出的電子多，板

上餘留的正電荷多。因而板上正電荷之分布恰與被攝影物之光度成正比，板之後方再以一具電子槍發射的電子掃描，掃描電子與感光板正離子結合而中和，未被中和的掃描電子被反射到電子收集器經放大而成脈動電流(圖3-33)。

發射機的攝像管與電視接收機的影像管上，都有兩對電磁場，用以控制電子槍所射出的電子對感光板或螢光幕掃描。螢光幕上出現光點，單位面積上光點愈多，畫面愈細膩逼眞。

## 3-16 顯示器

### 1.映像管

基本構造爲一陰極射線管。電子槍中的陰極受熱而發射電子，經帶有正電位的陽極加速，以極

圖 3-33
電視攝像機

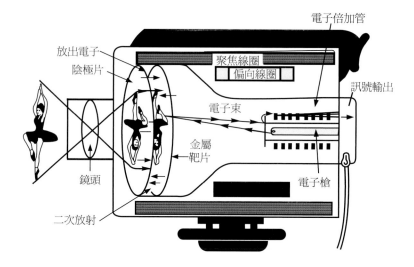

圖 3-34
黑白映像管

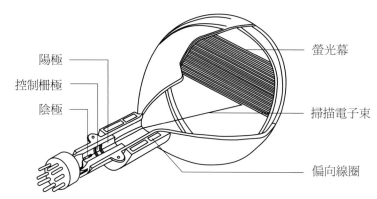

高的速度撞擊螢光幕而發光。在電子飛行的途中，有聚焦極使電子集聚成束，控制柵極接受外來信號以控制電子速率及決定是否射出，也就控制了螢光幕上光點的明暗，又有垂直偏向磁場及水平偏向磁場，控制電子在螢幕上掃描的位置（圖 3-34）。

彩色電視是由紅、綠、藍三原色作適當的組合而得到自然界中各種顏色，攝像管首先將攝入的影像投射到感光板上分成三組不同的電流信號輸出。彩色TV接收機對三種彩色信號分別處理，送至映像管中三具電子槍的控制柵，分別控制投射到螢光幕上的電子，幕上每一個光點係由三種不同的磷光物質組合而成。分別對紅、綠、藍三色感光，而還原成原來的彩色圖像。

### 2.液晶顯示器(LCD)(圖 3-35)

目前，家庭經濟充裕，換新電視機時多採用液晶顯示器。LCD 的尺寸，從 1 到 50 吋都有，廣泛應用於手錶、計算機、手機、相機、電腦等，是目前市場上成長最快的工業產品。它的結構與工作原理，以及它在液晶電視中所扮演的角色如下：

(a)背光模組：產生光源，通常用眾多的光射二極體(LED)均勻分布在顯示器上。光射二極體：由 P 型和 N 型兩塊半導體結合而成。因材料不同而發出不同色彩的光。例如砷化鎵為紅外光、銻化鋁為紅光、磷化鋁為綠光、氮化鎵為藍。(圖 3-37)

(b,e)偏光板：使入射光分成水平與垂直兩偏極光。

(c)前後電極：接收外來電視信號，使兩極間的液晶分子偏極化，順著電場方向，以便外來光通過。

液晶(LC)：一種液態高分子體，分子與分子間距離較遠，沒有形成化學鍵，但分子排列整齊，頗像固體，故名液晶。分子呈細長棒形，沿軸方向具有正負極性，依外加的信號電壓而偏極化，

控制光源之光是否通過。

(d,f)彩色濾光片：把入射光過濾成紅、綠、藍三色，每一組濾光片算是一個畫素，一個畫素只有數百微米，一個顯示器有數百萬畫素。

### 3.電漿面板

兩平行板間，相隔只有 0.1nm，充滿氖和氙，含有數百萬塗有紅、藍、綠三色的磷螢光劑的**胞室**(Ce11)。當數位信號傳到每一**位置電極**時，氣體離化成正負離子數相等的**電漿**狀態，發射紫外線，衝擊磷螢光劑，產生強度不同的各種色彩。同面積的各種顯示器比較，電漿面板所含**光點**(**畫素**)多，且平行排列，幾乎沒有扭曲失真，厚度和重量銳減，安置方便，占盡優勢，唯成本較高(圖 3-37)。

## 3-17　電算機

電算機，俗稱電腦，它是近代人類最智慧的產品，雖然不能完全取代人腦，但它某些功用似乎已超越一般人的頭腦，您不得不由衷佩服讚嘆！電腦大大小小形形色色，何止千萬種，因而它

圖 3-35
液晶顯示器

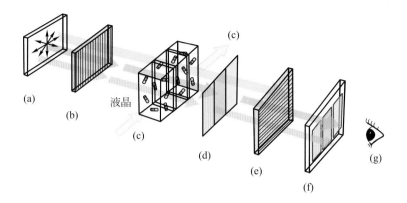

圖 3-36
廣州的 LED 電視
塔，上億個 LED
在發光

甚至於電腦刻印、電腦算命等。精通某種電腦或許在這個電腦時代裏可以混口飯吃；完全不懂電腦，那就是電腦白痴，日常生活都有些困難。

認識電腦，從兩方面著手：硬體和軟體。如果您不想成為專家，硬體部分，讀讀本文，獲得粗淺印象就夠了。軟體部分，依您的需要去參與各類學習課程，也不是很困難的。

電算機硬體的功用是：如何按照既定或輸入程式中的指令來處理所輸入的資料，如何將指令、資料和中間處理所得結果予以保留，以及如何將處理後的資料輸出。因此，電算機至少具備輸入、處理、記憶、和輸出四個主要部分（圖 3-38）。

的功用幾乎無孔不入。大的電腦排滿整棟大樓，用來操縱太空探險、洲際飛彈、政府預算、國防部調兵遣將等。小的電腦走入家庭，裝進您的口袋，電視遊樂器、家用電腦、電腦控制用水用電，

圖 3-37
電漿面板

聲光電

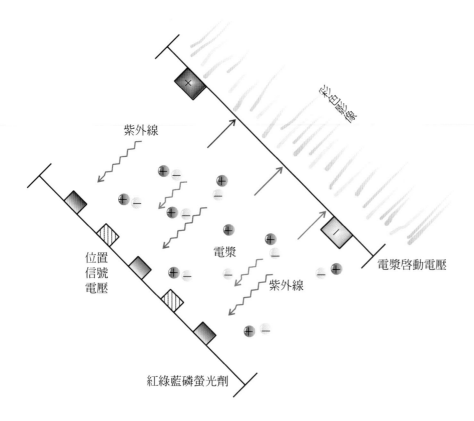

紫外線

光罩偏光板

位置
信號
電壓

電漿

電漿啟動電壓

紫外線

紅綠藍磷螢光劑

## 1.中央處理單元

是電算機的心臟，又可分為
三個部分：主儲存部分、算術邏
輯部分，和控制部分。

資料從輸入裝置進入，暫時
安放在輸入儲存區，隨時等待從
程式儲存區發出指令群的引導，
到算術邏輯部分。這部分有加法
器、補數器、比較器及邏輯電路，
以執行加、減、乘、除、積分等
算術運算，比較、合併、選擇、

邏輯決定等邏輯運算。信號在儲
存與算術邏輯兩部分間往返數次，
一旦完成工作，結果資料即被送
到輸出儲存區，等候送到輸出裝
置。控制單元具有提取和執行指
令、取存資料、控制程式流程、
偵察並處置錯誤等功用，負有電
算機各個單元協同和指揮之任務。
指令送到控制單元，經解碼及解
釋後，辨認指令要求什麼，即將
適當的控制信號送到電算機中有

圖 3-38
電算機

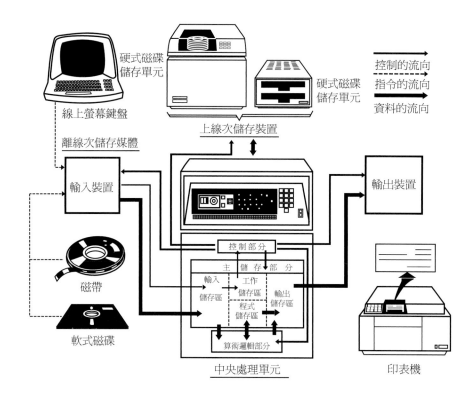

控制的流向
指令的流向
資料的流向

硬式磁碟儲存單元

硬式磁碟儲存單元

線上螢幕鍵盤

離線次儲存媒體

上線次儲存裝置

輸入裝置

輸出裝置

控制部分

主 儲 存 部 分

輸入儲存區　工作儲存區　輸出儲存區

程式儲存區

磁帶

算術邏輯部分

軟式磁碟

中央處理單元

印表機

關的部門引發相關作用，達成指令所要求的動作。

## 2.記憶單元

　　記憶器用以儲存所運算和操作的程式指令、資料、結果。依其功能，可分為三個主要小集團。(1)內部處理記憶器，由一群高速記錄器所組成，擔任指令和資料暫時儲存的工作。(2)主記憶器，為極快速的記憶器，在電算機操作期間用來做程式和資料的儲存。主要為積體電路，磁泡，或電荷耦合器所組成。(3)輔助記憶器，容量較大，但速度較慢。用來儲存大量資料及系統程式，毋須與 CPU 連接。當主記憶器容量不足時，亦可充做溢位記憶器。磁帶和磁碟為其代表裝置。

　　記憶器的工作模式分為兩種。隨機存取記憶器(RAM)，每個儲存位置均可讀出或寫入資訊，當新資訊寫入時，原資訊即自動消失。僅讀記憶器(ROM)，由製造商寫入指令和數據，依一定位置排列，使用者僅讀出資訊，用紫外光可擦掉 ROM 原存資料，再用電訊號或其他特殊方法寫入新資訊。

### 3.輸入及輸出

總稱為周邊設備，往往輸入與輸出使用同一裝置，有磁碟機、磁帶機、鍵盤、滑鼠、螢幕、感應筆、印表機、繪圖機等。這些都是人與電腦解譯和溝通的工具。

軟體就是各種程式的總稱，目的是要指揮電腦為您工作，再分為系統程式與應用程式兩種。系統程式通常是指操作系統及服務程式。操作系統是直接指揮硬體的一群程式，是應用程式與硬體間的橋樑。服務程式有編輯程式，語言傳譯程式，偵錯程式等公用程式。

為了便於大多數的人與計算機溝通，專家們乃設計了一些適合人類學習的語言，又設計了語言的翻譯官放入電算機中，只要我們學會了這些語言，便可以隨心所欲的來指揮電算機。

用這些語言寫成的一連串命令便是程式語言，也就是應用程式，可以交給電算機來處理。

程式語言種類很多，一般分為機器語言、組合語言、及高階語言三種。

機器語言是一連串的 0 與 1 的組合，化成一連串的訊號驅使電算機動作。機器語言是計算機唯一能了解的語言，其他語言均須翻譯成機器語言始可執行。

由於機器語言僅是 0 與 1 的組合，冗長單調，不好學又難記。如果用文字符號來代表各種組合，則較易學易記，例如以 SUB 來代表 011011，以 LOAD 代表 001011，……這種語言稱為組合語言，它的翻譯官稱為組合程式。雖然組合語言已經比機器語言好學，但大多數的人仍不易接受，因此專家們又設計了更接近人類語言的程式語言，稱為高階語言，可使用於各種電算機。目前高階語言已超過一百種且直接化成螢幕上可顯示的文字和圖形。

計算機和其他儀器結合後，更成為人類便利的日常工具。例如X-射線電算機技術(X-ray computer technigue, XCT)．由 X-射線貫穿標的攝影，再由計算機無限集合，建立人體組織或器官的橫斷面圖像，便於診斷疾病。

# 3-18 重點整理

1. 環路線圈在磁場中轉動，根據法拉第感應定律，可以產生感應電動勢及感應電流，此即發電機原理。發電機具有固定磁場、電樞、集流環、碳刷等基本構造。

2. 變壓器擔任交流電壓及電流升降的功能，在電力輸送過程中擔任關鍵性角色。

3. 為了提高在鐵軌上行駛列車的速率，列車要完全電氣化，建築專用軌道，改善自動控制號誌，減少靠站次數，可使列車行駛速率超過每小時 200 公里。

4. 使用油電混合汽車，在啟動和低速時，由電池供給能源，中、高速時，汽車帶動發電機向電池充電。汽油可節省 50 ％，碳排放量可減少 50 ％。

5. 氫燃料電池，以氫代替汽油，將成為新世紀動力之源。

6. 矽是目前最主要的半導體材料，經摻雜後可製成 P 型及 N 型半導體。兩種型半導體不同的組合又可製成二極體、電晶體，和許多主動元件。電阻、電容器，和電感器則為被動元件。把各種主動和被動元件製作在一塊晶片上，稱為積體電路。

7. 活性元件與鈍性元件組成整流、放大、調幅、振盪、邏輯等許多電路。各種電子系統都是由許多不同的電路組成的，例如收音機、電視、電算機等。

8. 波是一種擾動，是一種能量傳送的現象。

9. 波長，波作一個循環所行的距離。週期，波一個循環所歷經時間。頻率，一秒鐘內波所變化的次數。振幅，波的最大變化值。

10.橫波，波的振幅與波的進行方向垂直。縱波，波
的振幅與波的進行方向一致。

11.電磁波，電場與磁場的交互變化，其傳播速率為
$3 \times 10^8$米／秒。依頻率的高低可分為宇宙射線、$\gamma$
射線、X射線、紫外線、可見光、紅外線、微波、
無線電波等。

12.聲音是動物耳朵能聽到、腦神經能感覺到的一種
縱波。聲音必須依賴介質才能傳送。聲音在空氣
中傳播速率約為 345 米／秒。聲音特性三要素是
音調、音品、音量。

13.人類聽得到的聲音頻率，約在 20 赫至 20 仟赫範
圍，大於 20 仟赫的聲音稱為超音波。利用超音波
的回聲勘測系統叫做聲納。

14.光具有波與質點的雙重性。有反射、折射、干涉、
繞射等波的特性，也有光線直進、光壓、光電子
產生等質點特性。人們利用光的各種特性製造出
許多光學科技產品，例如眼鏡、照相機、顯微鏡、
望遠鏡、光纖通信等。

15.雷射就是光受外界激勵而放大的輻射。

16.無線電發射機和接收機，都是由各種電子電路組
合而成。

17.顯示器用以顯示圖像信號，目前已有映像管、液
晶顯示器、電漿電板、光射二極的組合等。

18.認識電算機的基本結構。

19.XCT 結合電腦和 X-射線，是診斷人體病灶的一大
福音。

# 習 題

( )1. 一般用戶的電壓爲 110 伏，可是在電的輸送線路上，電壓高達數十萬伏，其作用是 (A)防範居民偷電 (B)電壓愈高，電阻愈大 (C)電壓愈高，電流愈大 (D)電壓愈高，線路上的電功率損失愈小。

( )2. 鉛蓄電池中的電解液是 (A)硫酸 (B)鹽酸 (C)食鹽水 (D)蒸餾水。

( )3. 目前最常用的半導體材料是 (A)矽 (B)鋁 (C)銅 (D)碘。

( )4. 能夠產生某特定頻率電磁波的電路，叫做 (A)調幅器 (B)調頻器 (C)振盪器 (D)整流器。

( )5. 將低頻率電磁波加到高頻率電磁波上，使高頻率電磁波的波幅隨之改變的電路，叫做 (A)調幅器 (B)調頻器 (C)振盪器 (D)整流器。

( )6. 彩色電視的三原色是 (A)紅、黃、黑 (B)黑、白、綠 (C)紅、綠、藍 (D)黃、橙、紫。

( )7. 我們在電算機前所操作的鍵盤和讀寫螢幕等，可算是電算機的 (A)中心處理單元 (B)記憶體 (C)運算單元 (D)周邊設備。

( )8. 光是 (A)水波 (B)地震波 (C)電磁波 (D)超音波 的一種。

( )9. 聲納是利用 (A)水波 (B)地震波 (C)電磁波 (D)超音波 遇障礙物反射的特性製成的。

（　）10.任何波的能量都與它的　(A)波長　(B)頻率　(C)週期　(D)振幅　成正比。

（　）11.眼睛可說是一部　(A)超精細的照相機　(B)超距離的望遠鏡　(C)高倍率的放大鏡　(D)很靈敏的雷達。

（　）12.有關眼睛看物，下列敘述何者錯誤？　(A)正常人可以看到最遠處爲無窮遠　(B)正常人所能看到最近點爲眼前 5 厘米處　(C)看 25 公分處的物體，正常人覺得最清楚，且不易感覺疲勞　(D)正常人眼睛在觀看遠近不同的物體時，生成的像均可落在視網膜上。

（　）13.波 1 秒鐘所變化的次數叫做　(A)波長　(B)週期　(C)振幅　(D)頻率。

（　）14.有關紫外線的敘述，下列何者正確？　(A)是原子核蛻變是所產的放射線　(B)常用來檢查人類骨骼和牙齒　(C)波長比可見光更長　(D)太陽光中含有很多紫外線。

（　）15.下列敘述，何者正確？　(A)雷射就是聲音的放大(B)雷射放出波長不同，一系列的光線，形成光譜　(C)雷射的光線，能量集中於一狹小範圍，而產生極高的功率　(D)雷射產生的機制，基態的粒子，會自發性躍上激態　。

(　)16.光纖通信，是利用光在纖維中進行　(A)折射　(B)繞射　(C)反射　(D)全反射　而傳遞信息。

(　)17.油電混合車，以　(A)鉛蓄電池　(B)鹼性電池　(C)磷酸鐵鋰電池　(D)燃料電池　為動力能源。

(　)18.有關電子顯微鏡，下列敘述何者錯誤？　(A)利用電子也有「波」的性質　(B)電子所受的加速電壓愈大，電子波的波長愈短　(C)可以觀察細胞中染色體　(D)可以觀察電子繞原子核旋轉。

(　)19.矯正近視眼，所用的眼鏡是　(A)凸透鏡　(B)凹透鏡　(C)凸面鏡　(D)凹面鏡所製成的。

(　)20.凡是具有波和粒子雙重性質者，即可稱為　(A)分子　(B)原子　(C)電子　(D)量子。

21.目前產生電動勢的兩種裝置，一是電池、另一是_____。

22.將一塊 N 型半導體和兩塊 P 型半導體結合在一起，即形成 PNP_____體。

23.在一塊很小的矽晶片上，同時製作電晶體、二極體、電容器、電阻等元件，並聯結成一完整電路，稱為_____電路。

24.電算機包含輸入、處理、_____、輸出等四個主要部分。

# 4 物質與材料

## 學習目標

1. 研討物質的基本構造與性質
2. 複習物質的基本物理變化與化學變化
3. 簡介日常生活與工程需用的材料
4. 奈米科技、明日之星

## 4-1 物體三態

解說宇宙大自然的萬物現象，採用四個物理量：空間、時間、物質、能量。空間提供物質活動的場所和標示物質的位置，時間主宰物質的變化與變化之序列。能量由物質的變化而產生，亦是物質變化之動力。物質無疑地是其中主角。

2015 年，諾貝爾物理獎得主英人希格斯認為（或許是由其他科學家認為）宇宙的起源是一團能量經瞬時爆炸，能量急速擴散，掉入位能井中，能量減弱或消失，而形成質量，已由位在瑞士邊境的歐洲高能物理研究中心證實。

**物質**是占有**空間**、具有**質量**、由感官或儀器可察覺其存在，宇宙中一切實體皆由物質所構成，物質常與能量在一起構成一切客觀現象。物質分為**純物質**和**混合物**兩大類。純物質的各部組織均勻、有一定化學結構和一定特性，且有一定的熔點及沸點。沒有上述特點的物質就是混合物，混合物由多種純物質混合而成。純物質中有的只含有一種原子的元素物質，例如金、鐵、氫、氦等，也有含兩種以上原子的化合物，例如水、食鹽、澱粉等。至於空氣、糖水、岩石則是混合物。

物質組成的實體稱為**物體**。呈現三種狀態，固態、液態和氣態，這是人們容易觀察到**宏觀現象**。

固體變成液體稱為**熔解**，液體變成氣體稱為**汽化（蒸發）**，固體可直接**昇華**成氣體。這些過程都是可逆的，亦即氣體直接昇華成固體，氣體經過**凝結**成液體，

圖 4-1
物質三態變化

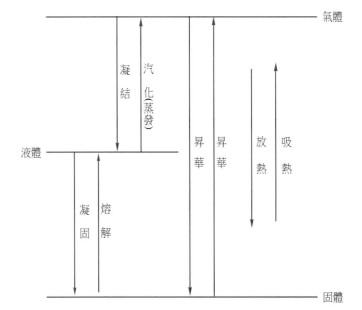

液體經過**凝固**成固體。在一定的壓力下，這些狀態都在一定的溫度下進行，分別稱爲熔解點、沸點、昇華點、凝結點。同一物質熔解點和凝固點相同、沸點和凝結點相同，兩個昇華點相同。

　　物質狀態變化時必伴有吸熱或放熱的現象。固體變液體、液體變氣體、或固體變氣體均需吸熱以增加物體中微粒運動的能量，分別是融解熱、汽化熱和昇華熱。氣體變液體、液體變固體、或氣體變固體，均需降低物體中微粒的能量，使它們能趨於排列較緊束的穩定狀態，這些放出的熱量稱爲凝結熱、凝固熱和昇華熱。融解熱和凝固熱相同、汽化熱和凝結熱相同，兩種昇華熱相同（圖4-1）。

　　這些物態的變化也稱爲**相**的變化，相的意義更廣泛，有些純物質和混合物不止一種液相和固相。任何物質都有三相變化，在進行相的變化時，壓力不變，溫度亦不變。如果壓力變了，物質各種相的變化溫度亦隨之變。例如水在沸騰時，打開水壺蓋，用溫度計量溫度，只要水和氣都存在，溫度都保持在攝氏 100 度。如果是壓力鍋，或是汽車行進中的水箱，溫度都超過100度甚多。

固態的二氧化碳，在 1 大氣壓的常溫立即直接昇華成氣體；如果把壓力增加到68 大氣壓，在攝氏38 度也會變成液體。舞台上有時噴灑乾冰，急速昇華成二氧化碳氣體，同時吸收空氣中熱量使空氣中所含水份凝結成白色霧狀小水滴，以增加戲劇氣氛，即利用此理。

## 4-2　化學反應

### 1.化合反應

　　兩種或兩種以上的物質化合生成一種新的物質。例如氫燃燒生成水：

$$2H_2 + O_2 \rightarrow 2H_2O$$
$$\text{氫} \quad \text{氧} \quad \quad \text{水}$$

　　氮和氫在適當的溫度（例如500℃），利用高壓和觸媒反應生成氨。這種人工合成的氨，是化工業重要的原料，常用於製造肥料、染料、火藥等。

$$3H_2 + N_2 \rightarrow 2NH_3$$
$$\text{氫} \quad \text{氮} \quad \quad \text{氨}$$

### 2.分解反應

　　供給能量於某種物質。使其分解成兩種以上的物質。例如石

灰石（$CaCO_3$）加熱分解成石灰和二氧化碳：

$$CaCO_3 \rightarrow CaO + CO_2$$

通電於熔融的食鹽（$NaCl$）中，可製造氯氣（$Cl_2$）和金屬鈉（$Na$）。

$$2NaCl \rightarrow 2Na + Cl_2$$

### 3.取代反應

前例所產生的金屬鈉，化學性質非常活潑，遇水則取代水中的氫，而生成氫氧化鈉（$NaOH$）。

$$2Na + 2H_2O \rightarrow 2NaOH + H_2$$

煉鐵時，鐵礦和焦炭（$C$）在高溫熔融，碳與鐵礦中氧化鐵（$Fe_2O_3$）反應，鐵（$Fe$）被取代

$$3C + Fe_2O_3 \rightarrow 3CO + 2Fe$$

### 4.複分解

兩種化合物在一起時，它們的原子重新組合而生成新的化合物。例如強酸遇強鹼而中和，是最容易發生的化學變化之一。

$$\underset{\text{硫酸（強酸）}}{H_2SO_4} + \underset{\text{氫氧化鈉（強鹼）}}{2NaOH}$$
$$\rightarrow \underset{\text{硫酸鈉}}{Na_2SO_4} + \underset{\text{水}}{2H_2O}$$

又如氯化鈉和硝酸銀（$AgNO_3$）在水溶液中生成鈉、銀、氯和硝酸根等四種離子，再重新結合成白色的氯化銀沉澱及離子狀態的硝酸鈉（$NaNO_3$）。

$$NaCl + AgNO_3 \rightarrow AgCl\downarrow + NaNO_3$$

目前我們研究化學物質可分為兩大類：一是沒有生命的，例如金屬、岩石、空氣等，一是有生命的，例如尿素、纖維、蛋白質等，因而形成了無機化學和有機化學。以上舉例均為無機化學反應，在有機化學反應中也會發生。有機化學中另有許多特殊的化學變化，茲舉數例。

### 5.燃燒

強烈的氧化作用

· 酒精（乙醇，$C_2H_5OH$）之燃燒，生成水及二氧化碳。

$$2C_2H_5OH + 6O_2 \rightarrow 6H_2O + 4CO_2$$

· 汽油（以 $C_7H_{16}$ 為代表）之燃燒

$$C_7H_{16} + 11O_2 \rightarrow 8H_2O + 7CO_2$$

以上兩個反應都會放出大量的熱，是化學熱能的來源。只要是化學反應，都會放熱或吸熱；如果是吸熱反應，必定要供給熱能，既使是放熱反應，有時也要先供給熱能以引起反應。

物質與材料

## 6.光合及光化學反應

植物籍日光與葉綠素的作用，將二氧化碳與水化合成醣。

$$CO_2 + H_2O + 光 \xrightarrow{\text{葉綠素}} \frac{1}{n}(CH_2O)_n + O_2$$

$(CH_2O)_n$ 代表蔗糖、纖維等醣類物質。此為生命的起源和成長的基本方程式。

將氯氣與氫氣在暗室注入玻璃瓶中混合，用黑布包妥，攜至空曠場地中，撤除黑布，立即爆炸，表示此反應必須受光，且立即急速發生(此實驗有危險性，請勿輕易嘗試)。

$$Cl_2 + H_2 + 光 \rightarrow 2HCl(氯化氫，氣體)$$

## 7.高分子聚合反應

有機物的分子量高達一萬以上，特稱為**高分子化合物**。天然的有澱粉、蛋白質、橡膠等，人工合成的有塑膠、合成纖維、合成橡膠等。人工高分子物是由分子量較小的**單體**進行不同的**聚合反應**而得。例如聚氯乙烯(PVC)是製塑膠的原料，聚縮胺是製尼龍的原料，它們起始原料都是天然氣或煉石油的副產品。

化學家和化學工程師們的工作就是，用價廉且容易取得的天然物質，製成大量的化工原料，再經過許多程序製造各種化工產品，或製成各種材料以供應土木、機械、電機、電子各工程之所需。他們首先在實驗室裡藉不同的化學反應，製成所需的產品，同時考慮溫度、壓力、濃度等問題。並試用觸媒、酵素、光照射、輻射線照射等手段。進一步計算原料、水電、建廠、銷售所需的成本，以及市場價值，最後建立工廠生產高價值有用的產品。茲將常見的化學工業產品與物質來源關係列如 4-1 表。

表 4-1　化學工業產品

| 資源種類 | 工　業　產　品 |
|---|---|
| 空氣、淡水 | 液態氧、液態氮、氨、氬、硝酸、氮肥 |
| 海水 | 氫、氯氣、鹽酸、燒鹼、食鹽、溴、鎂、鉀 |
| 非金屬礦物 | 硫磺、硫酸、磷、磷酸、磷肥、矽(半導體) |
| 重金屬 | 金、銀、銅、鐵、錫、鉑、銻、鉛、汞 |
| 輕金屬 | 鋰、鋁、鎂、鈦 |
| 石油、天然氣、煤 | 氨、尿素、染料、炸藥、乙炔、農藥、醫藥、塑膠、合成纖維 |
| 植物動物 | 糖、油脂、醫藥、蛋白質、維他命、酒、皮革、紙、塗料、纖維 |

## 4-3 建築材料

### 1.鋼鐵

鐵礦都是氧化物，經過選礦程序後，與石灰和焦炭共同傾入**鼓風爐**頂，爐底煽入熱空氣以保持爐內攝氏一千度以上的高溫，碳被燒成一化氧碳，使氧化鐵還原成鐵，熔融之鐵從爐底端取出為生鐵，其他物質溶於石灰中成爐渣，漂浮於生鐵上面，在清爐時取出(圖 4-2)。

生鐵中含 5 %的碳及少量的鎂、磷等物質，不適合加壓延展成建材之需，應該把雜質除去，碳含量減少，再精煉成鋼。煉鋼最常採用旋轉爐(圖 4-3)，生鐵與石灰共注入旋轉爐中，高壓熾熱空氣以超音速急噴於爐中，產生火花及烈焰，鋼逐漸形成。

### 2.水泥

將石灰石與黏土粉碎後送入旋轉窯內煅燒至 1400℃以上，結合成固溶體，即為水泥的**熟料**。熟料出窯後冷至 150°添加石膏作延緩劑，再以球磨機磨成細粉即**水泥**。

圖 4-2
鼓風爐煉鐵

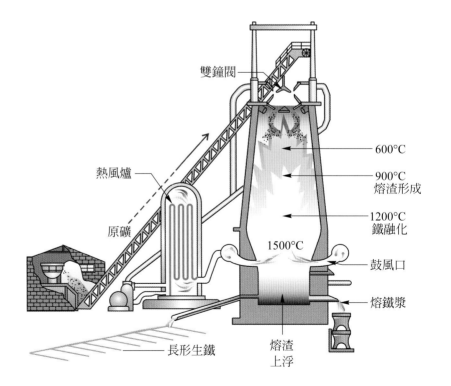

雙鐘閥

熱風爐

原礦

600℃

900℃
熔渣形成

1200℃
鐵融化

1500℃

鼓風口

熔鐵漿

長形生鐵

熔渣
上浮

　　將水泥、沙、碎石成 1 比 2 比 4 的比例並加水，在旋轉球中充分混合即得**混凝土**，可在工地附近攪拌，也可大量攪拌後用汽車或管道送至預定位置，鑄造成任何形狀，且很快凝結成岩石般堅硬。

　　一般混凝土有足夠的力量承受壓力，但承受拉力的效能卻很差，而鋼條拉力很強，**鋼筋混凝土**就成了承受壓力與拉力很強的建材。**先拉預力**是將混凝土傾在已加拉力的鋼筋周圍，當混凝土凝結後把鋼筋放鬆，利用鋼筋回縮的力量壓縮混凝土以增強混凝土的抗力。**拉預力**是在混凝土製造時，內部預留與鋼筋同長的小孔，混凝土凝結後，將鋼筋從孔中穿過，並將兩端錨鎖，使混凝土樑受到壓縮，增強了樑的抗力。

### 3.玻璃

　　玻璃為質硬、透明、沒有明顯熔點的過冷液體，其主要的成分為二氧化矽，從崩毀的火成岩內富含石英顆粒中採得。純質的砂或廢玻璃加入不同的**助熔劑**，傾入玻璃熔爐中熔融，成為粘稠的漿狀液體，此時最容易加工製造。實驗室所需要的特殊形狀儀器，或藝術品的玻璃，則由熟練的技師用嘴**吹**成。

　　助熔劑如為蘇打灰（氧化鈉）及石灰，即製成普通玻璃。如以鉀代替鈉所生成的鉀鈣玻璃，硬度大、耐高溫、耐腐蝕、常用於製化學儀器。如再加入適量的氧化硼，製成性能更佳的硼砂玻璃，可用於烹飪器皿。鉛玻璃是成分中含有 45 ％的氧化鉛，質重透明且折射率大，適於製光學透鏡及藝術品。加入各種不同的金屬，如銅、鐵、鉻、鎳、鈷等，則可製成各種彩色玻璃（圖 4-4）。

　　玻璃從成形的熱熔爐移出時，立即吹入壓縮冷空氣使玻璃表面急速冷卻，稱為**淬火**，如此當玻璃破碎時會形成圓小顆粒而無尖刺能力，稱為**硬玻璃**。硬玻

圖 4-3
旋轉爐煉鋼

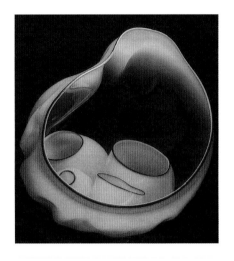

圖 4-4
玻璃藝品

璃間夾以塑膠並重疊數層，抗撞擊力及抗破碎力均甚堅強，此即廣用於汽車和飛機上的**安全玻璃**。

## 4-4　石化工業

### 1.石油的提煉

　　石油是千萬年前的植物和海洋動物受地層的高溫和高壓作用，漸漸形成黑色黏稠的液體。科學家們由地質結構和地磁、地震、重力等探測資料，判斷深在數千公尺的地層下，何處蘊藏著石油，然後建造一座鑽油鐵塔，將長長的螺旋鑽錐一段接一段地深深鑽入地殼，如果幸運鑽到石油，這種被稱為黑金的原油就會受地層壓力像泉水一般噴出。鑽得的原油送至煉油廠依其沸點在**分餾塔**（圖 4-5）中各層次得到不同的物

質，其中**汽油**和**柴油**是目前人類使用最頻繁的燃料和能量，直接由分餾塔得來的汽油和柴油已不敷使用，再用**裂煉法**將沸點較高的油品分解成為沸點低的油品，用**改質法**將**辛烷值**較低的重質石油精改良為高辛烷值的汽油。石油的成分是碳和氫結成的有機化合物，以含有八個碳原子的辛烷最適合做燃料之用。由石油的分餾和轉化（包含裂煉及改質）所得的產品中，除汽油和柴油外，還有許多化合物（圖 4-5），再經過不同的化工操作得出品目繁多的化工原料，用來製造溶劑、染料、炸藥、塑膠、人造纖維等，形成一連串的化學工業，總稱為石化工業，是各國十分重視的工業，關連民生用品至鉅。（圖 4-6）

### 2.油頁岩的鑽探

　　石油即將用竭，油頁岩（shale oil）或可取代。用電腦控制的鑽探工具，可深入地面下2000 m，且可四面八方探尋頁岩。再用沙、化學溶劑、水，向頁岩縫中噴射，逼出油和氣（含有多種烷烴），分送煉油廠和化工廠精煉成燃料油和化學原料。

### 3.塑膠

　　有機化學所涉及的化合物，其分子量在一萬以上的物質稱為

**88**　自然科學概論

高分子化合物，天然的有澱粉、蛋白質、橡膠等，人工合成的有塑膠、纖維、合成橡膠等。這些物質沒有一定的融解溫度，溶於溶劑時伴生膨脹現象，溶液的黏度很高，具有**可塑性**而可任意成形。

　　在金屬及木質材料日益稀少不敷應用之際，塑膠之發明以及其各種產品之問世，無異地為人類日常生活帶來莫大的便利。碗盤桶架等廚具、衣櫃桌椅等家具、輪胎、電器、房屋等建材皆可見到塑膠的身影。塑膠可分為兩大類。**熱塑性**塑膠，加熱時呈柔軟塑性，可傾入模中成型硬化以製造各種成品，再加熱還能再軟化。這類塑膠是由長形分子構成，例如聚氯乙烯，簡稱 PVC，它的分子式是：

圖 4-5
石油的分餾

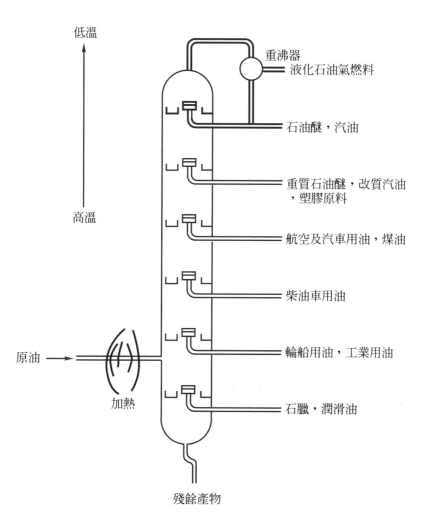

低溫

高溫

原油 →

加熱

重沸器
液化石油氣燃料

石油醚，汽油

重質石油醚，改質汽油，塑膠原料

航空及汽車用油，煤油

柴油車用油

輪船用油，工業用油

石蠟，潤滑油

殘餘產物

圖 4-6
石化工業產品樹

SBR（苯乙烯／丁二烯
橡膠）輪胎 鞋底

PP（聚丙烯）
厚塑膠袋、寶特瓶

ABS（丙烯／丁二烯／苯乙
烯樹脂）汽車內裝、煞車皮

烷基苯
清潔劑

PBT（聚丁烯對苯二
甲酸酯樹脂）電腦

PAN（聚丙烯睛）
人造纖維，可製作衣服、毛線

甲苯 塗料

PS（聚苯乙烯）保
麗龍免洗餐具

PC（聚碳酸酯樹脂）
餐具

PE（聚乙烯）塑膠
繩、不耐熱塑膠瓶

NYLON（尼龍）
衣服、雨衣 雨傘

PVC（聚氯乙烯）
水管、塑膠衣櫥

$$\cdots\cdots -CH_2-CH-CH_2-CH-CH_2-CH-\cdots\cdots$$
$$| \qquad | \qquad |$$
$$Cl \qquad Cl \qquad Cl$$

在常溫時堅硬，在140℃即呈可塑性。質硬、抗力強、化學性安定，廣用於自來水管、化學工業及電氣工業等。

**熱固性塑膠**，加熱前為一種低分子化合物，加熱後聚合成高分子化合物，結成網狀而硬化，硬化後再加熱卻不融解。例如 Melamine 樹脂，除具有良好的耐水性、耐熱性，機械抗力強外，Melamine 樹脂為無色透明，可任意著色，廣用於電冰箱、洗衣機、汽車等之塑膠鋼材。

### 4.合成纖維

衣服以及窗簾、被褥等都是由細長的纖維紡織而成。纖維又分**天然纖維**與**人工纖維**兩大類。天然纖維有棉、麻等具有吸汗透氣等優點的植物纖維，羊毛、蠶絲等動物纖維則具有柔軟保暖等優點。人工纖維的原料主要來自石油產品，種類繁多。纖維的長短粗細皆可由人工控制調整，製造方便，價格低廉，耐用性強，易洗易乾不變形且不透氣，但是不吸汗而濕熱，穿在身上不如天然纖維柔軟舒適。

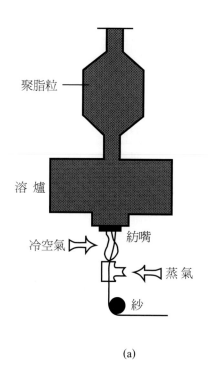

聚脂粒

溶 爐

冷空氣 ⇒ 紡嘴

⇐ 蒸 氣

紗

(a)

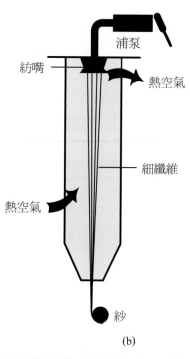

浦泵

紡嘴

熱空氣

熱空氣

細纖維

紗

(b)

圖 4-7
製紗
(a)溶紡
(b)乾紡

由已二酸與環六次甲基二胺聚合而成的**尼龍**或由對苯二甲酸與乙二醇聚合而成的**聚脂**，採用**熔紡法**製紗（圖 4-7(a)）先將聚合物加熱熔化，施壓擠入紡嘴的小孔中，其細長纖維迅速形成於熱氣中，過一會，紗線逐漸伸長再予以冷處理(尼龍)或熱處理(聚脂)，以增加其強度。**聚紡法**製紗（圖 4-7(b)），先將聚丙烯熔解，加壓經紡嘴在乾熱空氣中下垂，漸漸形成細紗。

實際上許多紡織品是用天然纖維與合成纖混紡以獲得各種性能不同的優良紡織品。先用機器將棉花或羊毛進行分離、洗滌、梳理等工作，再加入適量的合成纖維，用紡紗機將這些纖維捲在一起，製成連續的紗線，供紡織衣布或編織窗簾地毯之用。

## 4-5 微觀世界

不能用光學顯微鏡直接觀察到物質的微粒及其結合狀態，屬於微觀世界。從波耳原子學說開始，現在已證實一切物質都是由**原子**所組成。化學性質相同的原子結合成**元素**，目前已知穩定及

不穩定元素達一百多種。原子核中有**質子**及**中子**，原子核的半徑約爲$10^{-14}$米。眾多的外圍**電子**則依其能量而分層環繞，占據很大空間，其半徑約爲$10^{-12}$米。不同的原子大小不同，其所含的電子、質子、中子的數目亦不同。（註：$10^{-14}$表示小數點後面第十四位才有數字）。

電子、質子、中子爲原子中的穩定粒子，其數目及性質關連原子的種類與特性，及許多物理變化、化學變化、生物反應等，茲擇其重要者簡述如下。

## 1.電子

質量是$9.1×10^{-31}$公斤，只有質子或中子的質量1840分之一，所以它的質量在原子中微不足道。電子的電量是$-1.6×10^{-19}$庫倫，負值表示帶陰電。原子中的電子數目稱爲原子序，氫的原子序是1，它只有1個電子，氧的原子序是8而有八個電子，鈾有92個電子，它的排名列到92位。每個電子的質量與電量均相同。英人摩斯理用X射線撞擊各種原子，發現原子中電子有的具相同能量，有的則否。他把能量相同的電子列爲一層，命名爲K層、L層、M層、……如圖4-8所示。原子內電子愈多則層次愈多。

圖 4-8
氫、氦、氧、鈉的
原子模型

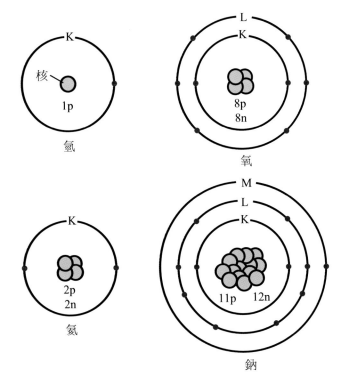

## 2.外層電子

最外層的電子最為重要，它的數目幾乎決定此原子或此元素的許多化學及物理性質。俄人門得諾也夫引用元素的化學性質，成功地製成**周期表**，經過後續多位科學家修正補充，目前的周期表已十分完備（圖 4-9），可以解說許多物質的化學性質，例如鋰、鈉、鉀三元素各自只有一個外層電子，都屬於第一族，都是易導電很活潑的金屬。又如氟、氯、溴、碘等四元素，外層電子都是七個，在周期表中為第 17 族，都容易與金屬成離子狀態結合（圖 4-10）。

外層電子的數目也決定原子結合成分子和化合物時用什麼方式來結合，例如是**離子結合**、**共價結合**，抑或是**金屬結合**。因而，外層電子在化學反應中擔任最重要的主角。生物的生理反應，可說都是化學反應，研究生物反應狀態及機構為生物化學的範圍，因而外層電子也參與了生物生長、繁殖、病變等工作。

金屬的外層電子只有一個或兩個，這些電子容易形成**自由電子**，受電壓驅使而流動成為電流，例如銅的原子序為29，共有29個電子，但只有最外層的 1 個電子

參與導電行為。只要是運動的電子就會在周圍建立磁場。電磁學又成了外層電子表演的舞台。矽和鍺兩種元素的外層電子形成共價結合，其導電度很低，但用人工的方法摻入適當的雜質（例如磷、鎵等原子），其導電度就隨人之所欲而控制，這就是電性質材及半導體製作的基本原理。

人類眼睛所能察覺的電磁輻射稱為可見光。可見光與紫外光都是外層電子在變更它的能階位置而產生的。

## 3.內層電子

除最外層電子，其他各層電子幾乎形成能量封閉結構，故不參與上述的化學反應和光、電等效應。如果用高速電子撞擊某些金屬，這種高速電子會深入電子內層，而把內層電子擊出。內層電子因接近原子核，所受的引力較大，負電位能也較大。同時，電位能較高的較外層電子遞補進來，多餘的能量就以波長甚短的 X 光射出。

## 4.原子核

原子核中穩定的粒子是質子和中子。質子的電量是 $1.6 \times 10^{-19}$ 庫倫，和電子的電量大小相同，

圖 4-9
元素周期表

| 1 IA | 2 IIA | 3 IIIB | 4 IVB | 5 VB | 6 VIB | 7 VIIB | 8 | 9 VIIIB | 10 | 11 IB | 12 IIB | 13 IIIA | 14 IVA | 15 VA | 16 VIA | 17 VIIA | 18 VIIIA |
|---|---|---|---|---|---|---|---|---|---|---|---|---|---|---|---|---|---|
| 1 氫H 1.008 | | | | | | | | | | | | | | | | | 2 氦He 4.003 |
| 3 鋰Li 6.941 | 4 鈹Be 9.012 | | | | | | | | | | | 5 硼B 10.81 | 6 碳C 12.01 | 7 氮N 14.01 | 8 氧O 16.00 | 9 氟F 19.00 | 10 氖Ne 20.18 |
| 11 鈉Na 22.99 | 12 鎂Mg 1.008 | | | | | | | | | | | 13 鋁Al 26.98 | 14 矽Si 28.09 | 15 磷P 30.97 | 16 硫S 32.07 | 17 氯Cl 35.45 | 18 氬Ar 39.95 |
| 19 鉀K 39.1 | 20 鈣Ca 40.08 | 21 鈧Sc 44.96 | 22 鈦Ti 47.88 | 23 釩V 50.94 | 24 鉻Cr 52.0 | 25 錳Mn 54.94 | 26 鐵Fe 55.85 | 27 鈷Co 58.93 | 28 鎳Ni 58.69 | 29 銅Cu 63.55 | 30 鋅Zn 65.39 | 31 鎵Ga 69.72 | 32 鍺Ge 72.59 | 33 砷As 74.92 | 34 硒Se 78.96 | 35 溴Br 79.90 | 36 氪Kr 83.80 |
| 37 銣Rb 85.47 | 38 鍶Sr 87.62 | 39 釔Y 88.91 | 40 鋯Zr 91.22 | 41 鈮Nb 92.91 | 42 鉬Mo 95.94 | 43 鎝Tc 98.91 | 44 釕Ru 101.1 | 45 銠Rh 102.9 | 46 鈀Pd 106.4 | 47 銀Ag 107.9 | 48 鎘Cd 112.4 | 49 銦In 114.8 | 50 錫Sn 118.7 | 51 銻Sb 121.8 | 52 碲Te 127.6 | 53 碘I 126.9 | 54 氙Xe 131.3 |
| 55 銫Cs 132.9 | 56 鋇Ba 137.3 | 57-71 鑭系元素 | 72 鉿Hf 178.5 | 73 鉭Ta 180.9 | 74 鎢W 183.9 | 75 錸Re 186.2 | 76 鋨Os 190.2 | 77 銥Ir 192.2 | 78 鉑Pt 195.1 | 79 金Au 197.0 | 80 汞Hg 200.6 | 81 鉈Tl 204.4 | 82 鉛Pb 207.2 | 83 鉍Bi 209.0 | 84 釙Po (210) | 85 砈At (210) | 86 氡Rn (222) |
| 87 鍅Fr (223) | 88 鐳Ra (226) | 89-103 錒系元素 | 104 鈩Unq (261) | 105 鈚Unp (262) | 106 鈊Unh (263) | 107 鈮Uns (262) | 108 鈨Uno (265) | 109 鈊Une (267) | | | | | | | | | |

| | 57 鑭La 138.9 | 58 鈰Ce 140.1 | 59 鐠Pr 140.9 | 60 釹Nd 144.2 | 61 鉕Pm 144.9 | 62 釤Sm 150.4 | 63 銪Eu 152.0 | 64 釓Gd 157.3 | 65 鋱Tb 158.9 | 66 鏑Dy 162.5 | 67 鈥Ho 164.9 | 68 鉺Er 167.3 | 69 銩Tm 168.9 | 70 鐿Yb 173.0 | 71 鎦Lu 175.0 |
|---|---|---|---|---|---|---|---|---|---|---|---|---|---|---|---|
| 鑭系元素 | | | | | | | | | | | | | | | |
| 錒系元素 | 89 錒Ac (227) | 90 釷Th 232.0 | 91 鏷Pa (231) | 92 鈾U 238.0 | 93 錼Np (237) | 94 鈽Pu 239.1 | 95 鎇Am 243.1 | 96 鋦Cm 247.1 | 97 鉳Bk 247.1 | 98 鉲Cf 252.1 | 99 鑀Es 252.1 | 100 鐨Fm 257.1 | 101 鍆Md 256.1 | 102 鍩No 259.1 | 103 鐒Lr 260.1 |

圖 4-10
(a)金屬結合
(b)離子結合
(c)共價結合
上圖為電子模
型，下圖為其
結晶模型

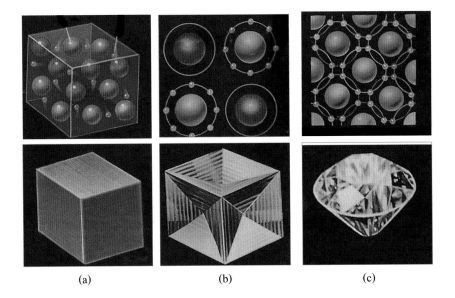

(a)　　　　　　　　(b)　　　　　　　　(c)

是陽電性，視爲正值。一個原子中的質子數目恰和其電子數目相等，因而使整個原子呈中性，中子不帶電荷。質子的質量是 $1.673 \times 10^{-27}$ 公斤，中子的質量是 $1.675 \times 10^{-27}$ 公斤，二者都是電子質量的 1840 倍，因而一個原子中的質子數目和中子數目就決定了原子的質量，二者數目之和叫做**質量數**。某些原子序（電子數或質子數）相同，但質量數不同，稱爲**同位素**，例如氫的同位素有氫、重氫（氘）、超重氫（氚）三種，鈾的同位素有鈾質量數爲 233、235、238 的鈾 233、鈾 235、鈾 238 三種。同位素的化學性質相同，物理性質卻差異很大。原子核可能經過自發性或人工方法，自一核蛻變成另一核，大的原子核分裂成數個小原子核，數個小原子核也可能融合成一個大原子核，這些過程總稱爲**核反應**。核反應往往釋放出許多放射性粒子，也會釋放出巨大的能量。

目前科學家們正在努力尋求組成物質的基本粒子，且已有可觀的成果。除上述的電子、質子和中子以外，其他基本粒子都是壽命很短，且常以能量形式出現。

## 4-6　奈米科技

奈米（nm，nanometer）是長度的單位，爲 1 米（公尺）的 10 億分之一，1nm ＝ $10^{-9}$m。一根頭髮絲直徑的三萬分之一約爲 1nm，鈾原子的直徑爲 0.22nm，一般分子的尺度約在 1nm 至 100nm 之間。研發結構在 0.1nm～100nm 之間的材料特性及實用的科技，就是奈米科技（nano technology）。

製作奈米材料已有許多方式，製作電子晶圓及積體電路已開奈米材料之先河。如圖 4-11(a)(b)(c) 及圖 4-12 所示。物質進入奈米尺寸，有些特異現象，令人興趣盎然。

1. 黃金被超細分割，漸漸失去金色光澤而呈黑色。實際上，所有金屬顆粒的尺寸小於照射光的波長時都會呈現黑色，其中鉑黑似乎是最早被發現的例子。奈米金屬用來吸收太陽能的效率奇高。當飛機塗上奈米金屬塗層後，也就成了軍事科技上重要的隱形戰機。

2. 奈米金屬的硬度較高。陶瓷的奈米材料韌性優良，不易破裂。人的牙齒就是磷酸鈣奈米

顆粒聚合而成。奈米金屬的熔點大幅降低，例如鎢的燒結溫度可由 3000℃ 降至 1300℃，便於鑄造大功率的導體基座。

由碳元素組成的石墨，成六角形蜂巢片狀（圖 4-13），每個角由一個碳原子占據。原子與原子間的結合力甚強，但片與片間的結合力甚弱，故石墨有甚易滑動的特性。若將某個六角形中的碳

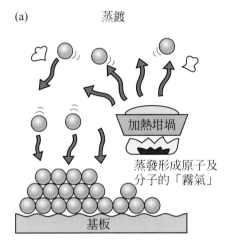

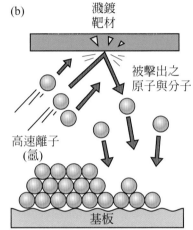

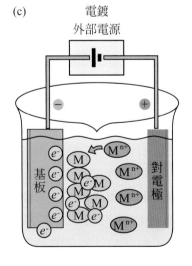

圖 4-11
奈米薄膜製成
(a)材料之原子被蒸發，落於基板上。
(b)材料之原子被高速氬離子擊出，落於基板上。
(c)由基板和相對電極組成電池。電解時，對電極析出金屬離子還原成金屬鍍於基板上。

$M^{n+}$：金屬離子
$e^-$：電子
$M$：析出之金屬原子

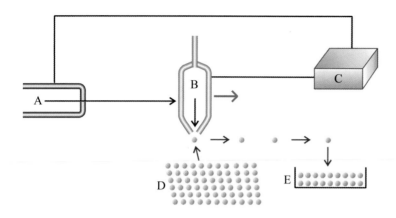

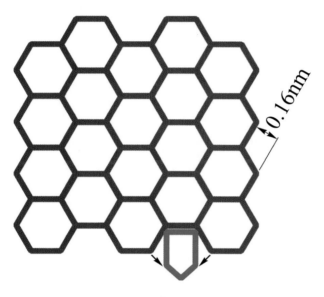

圖 4-12
利用原子力顯微
鏡 AFM 來製作奈
米材料
(A)雷射，供給
光源及控制探
針
(B)原子力顯微鏡
之探針，可以
移動、掃描、
吸附原子
(C)電路，控制
雷射及 AFM
(D)石墨試料
(E)原子接收器

圖 4-13
石墨原子結構

圖 4-14
C_{60}奈米球由 20 個
六角形和 12 個五
角形構成

圖 4-15
碳奈米管

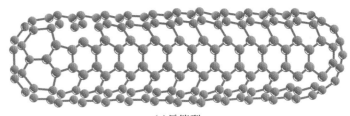

(a)長管型

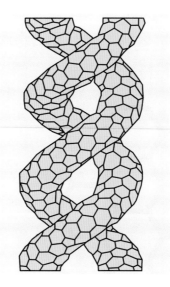

(b) 螺旋型

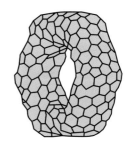

(c) 圈環型

原子移去一個變成五角形或加一
個碳原子變成七角形，則平面必
定扭曲。1985 年，美人柯爾和英
人斯莫利，在石墨的 32 個六角形
中，取出 12 個碳原子，形成 20
個六角形和 12 個五角形的原子團
（Atom Cluster），竟然是個很完
美的足球形狀（圖 4-14），稱為
$C_{60}$。$C_{60}$ 不再是一個結合緊密的
片狀，而是一個具有奈米尺度空
隙的球，容許摻入雜質，製成許
多物理和化學性質皆不同的材料。

　　**碳奈米管**（CNT），亦稱富勒烯
（fullerene），含有多個六角碳
環、五角碳環及七角碳環，成立

體結構。若成長管形，性質近乎
金屬，質輕而機械性強，或許將
來是製造汽車、飛機、太空船的
材料。螺旋型的 CNT，具有半導
體的性質，且其半導性依螺旋的
角度而變；奈米電子元件將是電
子工業明日之星。圈環型的CNT，
依直徑的粗細，而兼具金屬和半
導體的性質，製作通信電纜和電
子儀器外殼，可避外界電磁波干
擾。（圖 4-15）

# 4-7　重點整理

1. 物質，占有空間，具有質量、由感官或儀器可察覺存在者。物質分為純物質和混合物兩大類。

2. 原子，構成物質最基本單位。含有三種穩定粒子；電子、質子及中子。質子與中子組成原子核。

3. 原子中眾多電子因能量不同而分層。最外層電子決定原子結合方式、導電、發光等性質。X射線是內層電子被擊出時產生的。

4. 原子的電子數或質子數稱為原子序，質子數中子數之和為原子的質量數。某些原子的原子序相同而質量不同稱為同位素。

5. 核分裂和核融合兩種核反應均會產生巨大能量。

6. 物質有三種狀態：固態、液態和氣態。三態之間的變化稱相變化，有熔解、沸騰、昇華、凝結、凝固等現象。都有吸熱或放熱的現象伴生。

7. 化學反應有化合、分解、取代、複分解、燃燒、光合、光分解、聚合等。

8. 現代人生活必需品，無一不與化學工業產品密切關連。化學工業是化腐朽為神奇，造福人群，在製造產品過程中應特別注意環境保護。

9. 材料是一切建設的基礎，本章介紹鋼鐵、水泥、玻璃、塑膠、纖維、等材料。石油是現代最重要的能源，也是許多化學產品所需原料的來源。

10. 研發結構在0.1nm～100nm之間的材料及實用產品，稱為奈米科技。

11. 奈米球和奈米管是基本的奈米材料，和石墨、金剛石同為碳之同素異形體。

# 習 題

( )1. 哪一組物質完全是化合物？ (A)水、食鹽、硫酸 (B)空氣、糖水、岩石 (C)泥土、塑膠、鋼鐵 (D)汽油、汽水、汽車。

( )2. 鈾的原子序是92，下列敘述何者錯誤？ (A)鈾有92個電子 (B)鈾有92個質子 (C)鈾有92個中子 (D)鈾235有143個中子。

( )3. 銅的原子序是29，銅的最外層電子只有1個電子，銅是良好導電材料，參與導電行為的每個銅原子 (A)只有1個電子 (B)有28個電子 (C)有29個電子 (D)有29個電子和29個質子。

( )4. 製作半導體的主要材料是？ (A)銅 (B)鐵 (C)鋼 (D)矽。

( )5. 在1大氣壓及常溫下，乾冰置於空中立即變為二氧化碳氣體，這種現象稱為？ (A)氣化 (B)蒸發 (C)昇華 (D)溶解。

( )6. 硝酸銀加到食鹽水中，生成白色沉澱，這個化學反應可稱為？ (A)化合 (B)分解 (C)取代 (D)複分解。

( )7. 汽油燃燒，生成二氧化碳和水，這是一種 (A)強烈的氧化作用 (B)強烈的還原作用 (C)強烈的光合作用 (D)強烈的聚合作用。

( )8. 玻璃最主要的成分是？ (A)碳酸鈉 (B)二氧化矽 (C)塑膠 (D)石油裂煉物。

( )9. 碳奈米管是 (A)粉末狀 (B)線形 (C)平面狀 (D)立體結構。

10. 宇宙是空間、時間、_____、能量等要素組成。

11. 電子的質量是$9.1 \times 10^{-31}$公斤，質子的質量約為電子質量的 1840 倍，質子的質量約為_____公斤。

12. 俄人門得諾也夫引用元素的化學性質，製成_____表，很成功地解釋某些元素有類似的化學性質。

13. 目前已知化學元素約_____餘種。

14. 核子反應可分為核分裂和核_____兩大類

15. 由液體變為氣體，通常會_____熱(填吸或放)。

16. 氮和氫在高壓及適當的溫度和觸媒下，會反應生成_____。

17. 植物在陽光下吸收二氧化碳和水而生成醣類，稱為_____作用。

18. 將水泥、沙、碎石配成 1：2：4 再加水，在旋轉球中充分混合，可得_____土。

19. _____是千萬年前的植物和海洋動物受地層的高溫高壓作用，漸漸形成黑色黏稠液體。

20. 塑膠可分為熱塑性塑膠和熱_____性塑膠兩種

21. 聚氯乙烯(PVC)是一種_____原料。

22. 1nm =_____m。

23. $C_{60}$是由 20 個_____角形和 12 個_____角形所構成的球形。

24. 有三種基本碳奈米管：長管型的性質近乎_____，螺旋形有半導體性質，_____型依直徑的粗細，兼具有金屬和半導體性質。

# 5 生物世界

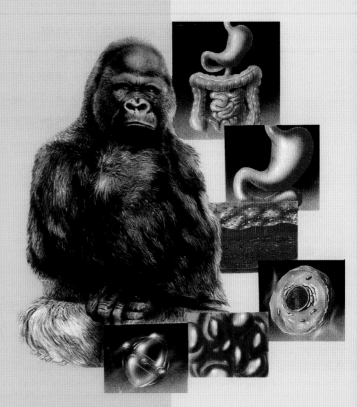

## 學習目標

1. 生命的現象
2. 細胞的構造
3. 細胞的增殖
4. 植物和動物的生殖
5. 遺傳和染色體
6. 演化

## 5-1　生命現象

　　地球上的物體可分為生物和無生物兩大類。人、象、鳥、蟲、花、草等物，具有生命現象，是為生物。空氣、水、岩石、汽車、沒有生命，歸類於無生物。生物學就是研究生命的科學。

　　生命現象由呼吸、排泄、營養、生長、生殖、運動、感應、形態等八大特徵來表現。無生物只能表示某一、二特徵而非所有的特徵，例如流動的水和空氣，增大或分裂的岩塊等。

### 1.呼吸與排泄

　　植物吸入二氧化碳，動物吸入氧氣，用來分解體內所吸收的食物，產生能量以促進各種生命活動，經過新陳代謝作用，植物呼出氧氣，動物呼出二氧化碳，以及排出不需要的廢物(圖 5-1)。

### 2.營養與生長

　　動物吃各種食物，再藉消化作用，植物由土壤中吸收各種礦物質及水分藉光合作用，轉化成體內生長所需的營養，使某些器官或全部器官不斷地長大(圖 5-2)。

圖 5-1
動物的呼吸、營養與
能量製造

圖 5-2
(a)動物的生長
(b)植物的營養與生長

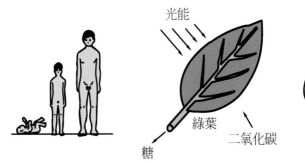

(a)　　　　　　　　　　　　　　　　(b)

### 3.生殖

生物漸漸長大，也漸漸老化，某些細胞和器官停止生長或遭受破壞，終至死亡。生命是有限，生物卻可藉生殖作用而產生後代，複製與本身相似的個體，使其種族得以綿延不息(圖 5-3)。

### 4.運動與感應

動物利用本身器官如四肢、翅、或鰭來改變所在位置，運動是動物最大的特徵。植物固定在某一位置，但它能夠作局部的運動，例如向日葵偏向陽光生長，捕蠅草會捲舒其葉捕捉昆蟲，任何植物的根會選擇鬆軟的土質生長。植物對光特別敏感，各種動物對光、聲、氣味、溫度等各有其敏感性(圖 5-4)。

### 5.型態

每個生物都有它自己的形態。兩株玫瑰花有各自形態的枝葉和花朵。貓和狗不同，一母生的一窩小狗各個不同，甚至於同一父母所生殖的雙胞胎也可找到差異。生物代代改變他們的形態以適應自然環境，也是生物的本能(圖 5-5)。

圖 5-3
動植物的生殖作用

奔跑　　　　生長運動

(a)　　　　　　　　　(b)

圖 5-4
動物和植物的(a)運動與(b)感應

圖 5-5
形態各個不同的
鴿子

## 5-2　細胞的構造

　　細胞是生物的細微單位，也是基本單位，用來組成動物和植物的身體，進行各種生命活動，維持生物的生命。

　　1665 年英人羅伯特、虎克製造一具複式顯微鏡觀察到樹皮的木栓質由無數小室構成，命名為細胞。嗣後生物學家們利用光學顯微鏡的檢視，確定細胞有三個主要部分：細胞膜、細胞質和細胞核。電子顯微鏡的問世，使人們能更深入瞭解細胞的精微組織。和其他物質一樣，細胞仍是由原子和分子構成；各種不同的細胞構成各種不同的組織、器官、系統，乃至各種不同的生物。例如一隻猿猴仍然由微小的原子分子所組成，細胞是組成的基本單位。無生物則沒有細胞單位。

　　圖 5-6 與圖 5-7 說明動物及植物細胞的細部組成，這些組成通稱為胞器。

### 1.細胞核

　　包含核膜、染色體、核仁、核孔等，是細胞的控制中心，控制細胞各種化學變化，決定一個細胞會成為那一種細胞。染色體主要控制遺傳藍圖。

2.**細胞質**

　在細胞核與細胞膜間的膠體，容納內質網、粒腺體、核糖體、高基氏體等，是細胞內化學反應的媒介。

3.**細胞膜**

　包圍細胞質的半透膜，控制物質進入或離開細胞。

4.**內網質**

　成網狀管道散布在細胞質中，有輸送物質的功能。

5.**粒腺體**

　在呼吸作用時，將小分子的有機物分解成$CO_2 + H_2O$釋放能量。

6.**核糖體**

　很小的微粒，附著在內質網上，有合成蛋白質的功能。

7.**高基氏體**

　具有分泌消化作用。

8.**中心體**

　細胞分裂時所形成的兩極。高等植物細胞內沒有中心體。

9.**液泡**

　儲存養分，堆積排泄物，是植物細胞的物質轉運倉庫。

10.**葉綠體**

　植物專有，在細胞壁和液泡之間，擔任光合作用及製造養分。

11.**細胞壁**

　植物專有，用以保護及支持細胞，主要成分是纖維素。

12.**微管和細絲**

　中空細管或細絲，參與物質輸送及細胞分裂工作。

13.**溶小體**

　大小不定的球狀小泡，消化動物細胞內不需要的組織。

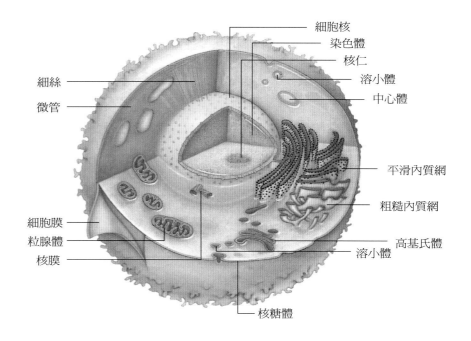

圖 5-6
動物細胞

細胞核
染色體
核仁
溶小體
中心體

細絲
微管

平滑內質網
粗糙內質網

細胞膜
粒腺體
核膜

高基氏體
溶小體

核糖體

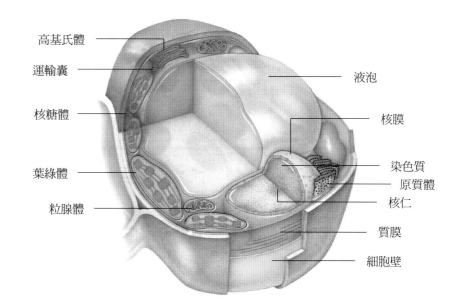

圖 5-7
植物細胞

高基氏體
運輸囊

液泡

核糖體

核膜

葉綠體
粒腺體

染色質
原質體
核仁

質膜

細胞壁

## 5-3 生物的化學成分

生物細胞內含有 75% 至 85% 的水。而碳、氧、氫，合起來約佔人體重的 93%。大部份的氧與氫鍵結成水。植物藉葉綠素吸收空氣中的二氧化碳及水份和地下水進行光合作用，進而生成葡萄糖，此為植物製造營養的開始。

### 1.碳水化合物

單醣為碳原子少於（含）6 個的醣類。葡萄糖和果糖的碳原子均為 6 個，化學式相同，但結構式不同。葡萄糖和果糖縮合成蔗糖，碳原子有 12 個，稱為雙醣。許多葡萄糖錯綜複雜地結合起來，成為澱粉及纖維素，為多醣類，植物用來維持營養、支持和生成。動物食用澱粉和纖維後，轉化成葡萄糖作為營養，未用完者加以儲存。儲存在肝內的葡萄糖稱為肝糖。哺乳動物則可自行製造乳糖。

### 2.脂質

包含脂肪和油，也是由碳、氫、氧三種原子組成。脂質含有大量的化學能，是生物的能量儲存庫。動物皮下的脂肪層，富含有飽和脂肪酸，有保持體溫的作用。磷脂，形成細胞外圍的質膜。類固醇為存在於動物組織的脂質，含有維生素和激素。膽固醇為細胞膜的主要成份。

### 3.蛋白質

蛋白質是生物中最大、最複雜的一種物質。由二十幾種氨基酸組成。每個氨基酸必有一個R基及一個中心碳原子。例如苯丙氨酸

$$\text{(苯環)}-CH_2-\overset{\overset{\displaystyle NH_3^+}{\big|}}{\underset{\underset{\displaystyle H}{\big|}}{C}}-COO^-\ \text{或}\ R-\overset{\overset{\displaystyle NH_3^+}{\big|}}{\underset{\underset{\displaystyle H}{\big|}}{C}}-COO^-,$$

$$\text{(苯環)}-CH_2^-\ \text{為 R 基，}-\overset{\big|}{\underset{\big|}{C}}-\text{為中心碳原子。}$$

由三個或三個以上的胺基酸鍵結而成多酞鏈。例如四個胺基酸鍵結的多酞鏈

$$H^+ \!-\! N \!-\! C \!-\! C \!-\! N \!-\! C \!-\! C \!-\! N \!-\! C \!-\! C \!-\! N \!-\! C \!-\! COO^-$$

又再度折疊重覆形成品樣繁多的蛋白質。

(1)纖維狀蛋白質：單獨的多酞鏈，例如不溶水的膠蛋白，為頭髮、指甲、骨骼的構造要素。

(2)球狀蛋白質：一個或多個多酞鏈疊折成球狀，溶於水，在細胞活動中扮演多種角色。例如聚合酶、抗體、胰島素等。

4.核苷酸(nucleotides)

由一個五碳糖、一個磷酸基、一個含鹼基組成的單體

核酸則以核苷酸為基礎，鍵結單股或雙股的大分子。

5.腺核苷三磷酸(adenosine triphosphate，ATP)和腺核苷二磷酸(adenosine diphosephate，ADP)配合，擔任細胞的能量輸送，其中 i 代表磷原子的個數。

能量輸入 ⟶ ATP ⟶ ADP + P_i ⟶ 能量輸出以供各種細胞反應所需

6.去氧核糖核酸(deoxyribonucleic acid，DNA)，遺傳指令儲藏者。

核糖核酸(ribonucleic acids，RNAs)，遺傳指令傳譯者。（二者見後文）

## 5-4 生物的化學反應

生物的能量皆來自太陽，光合作用(photosynthesis)是第一步，概分爲兩個階段：光反應和暗反應。

光反應：

$$水 \xrightarrow[植物的葉綠素]{日光} 氫 + 氧$$

暗反應(不需要光，有無光均可)：

$$二氧化碳 + 氫 \longrightarrow 碳水化合物 + 水$$

光合作用的初步產物是葡萄糖，很快就聚合成澱粉，儲存在葉、莖、根等部位，動物食用後，歷經許多化學反應和能量轉換，最後變成動物脂質和蛋白質。能量轉換需依賴ATP和ADP，各種化學反應需要酶的存在以加速反應速率。

細胞內許許多多的化學反應，製造活力增加生命，總稱爲代謝作用(metabolism)主要分爲兩大類。

1. 分解代謝(catabolism)將複雜分子分解爲簡單的分子。例如人的呼吸，可將葡萄糖分解爲水及二氧化碳，並放出能量。
2. 合成代謝(anabolism)
   由簡單分子合成爲複雜分子，需要供給能量。例如將葡萄糖合成醣及澱粉。

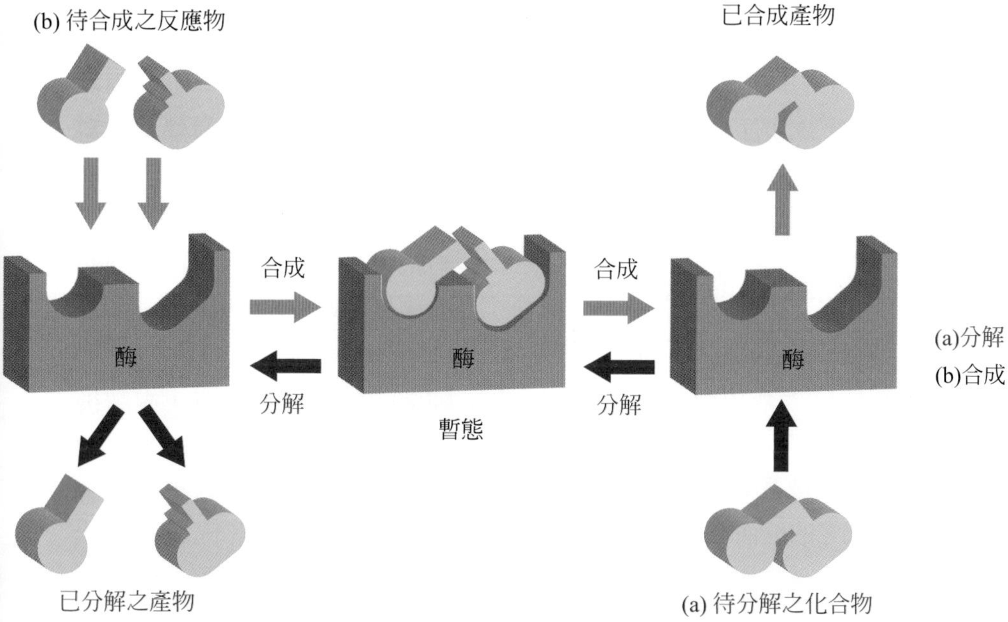
(b) 待合成之反應物
已合成產物
合成
合成
酶
酶
酶
分解
分解
暫態
(a)分解
(b)合成
已分解之產物
(a) 待分解之化合物

圖 5-8
酶的作用

觀察盛在容器中的葡萄糖，很難觀察到分解出來的二氧化碳和水。同樣，眾多的葡萄糖堆積在一起，也很難期望變成醣及澱粉。這涉及反應速率或代謝率，以及酶（enzyme，亦稱酵素）的問題。生物體內存在許多形形色色的酶，以擔任媒介和催化的功能。酶的化學立體結構，一定是奇形怪狀枝枝節節。某些酶體形龐大，可以容納反應物湊擠在一起，以便引起反應。增進化學反應的速率。

在分解反應中，酶分子表面活性部份與受質結合幫助受質分解。在合成反應中，酶的活性部份與兩個以上的受質生成不穩定的複合物，最後分解成產物。

酶僅能和一種和數種同類型的受質發生反應，而對其他化合物不產生作用，好像鑰匙對鎖孔一樣，要配合才行。反應完成後，酶即分開還原成原型。

## 5-5　細胞的增殖

細胞會分裂產生子細胞，增多細胞數目，其功用有四：

### 1.補充衰老或死亡的細胞

例如衰老的紅血球，死去的皮膚細胞等。

### 2.修補組織器官

例如使折斷的骨骼癒合，皮膚的挫傷等。

### 3.促使生物長大

分裂後的子細胞處於變化的動態，不斷吸取營養而成長或休息，乃至再分裂，此為細胞週期，促使生物長大。如果細胞週期失去控制，造成不斷分裂出多餘的細胞，而形成惡性腫瘤。

### 4.啟動生殖工作

生物的生殖工作由細胞分裂開始；有性生殖中，受精卵因細胞分裂而生長至成年體。

有關細胞增殖的機制及特性，摘其重要者簡述如下：
1. 每個細胞的染色體中所含的去氧核醣核酸(DNA)具有建造新細胞所需的全部遺傳指令。
2. 在細胞分裂以前，DNA已複製。細胞分裂時所產生的新細胞必須接受 DNA 的遺傳指令，進行細胞的製造。
3. 細菌的細胞構造簡單，複製後的兩個 DNA 分子分別附著在細胞膜上，細胞膜不斷生長而分裂成兩個細胞。

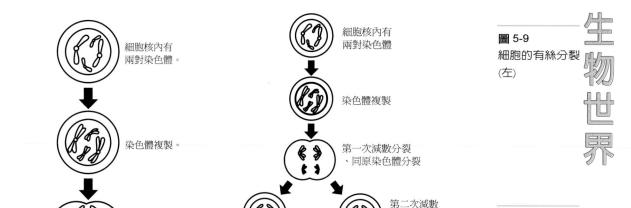

圖 5-9
細胞的有絲分裂
(左)

圖 5-10
細胞的減數分裂
(右)

細胞核內有兩對染色體。

染色體複製。

複製的染色體漸漸分離，細胞中央漸分爲二。

細胞分成兩個，各有兩對染色體。

細胞核內有兩對染色體

染色體複製

第一次減數分裂、同原染色體分裂

第二次減數分裂、染色體再度分裂

形成四個子細胞每個子細胞具有原來細胞染色體數一半。

4. 多細胞生物細胞具有雙套染色體，亦即成對的染色體通常具有相似的長度、形狀、以負責的遺傳訊息。

5. 細胞分裂有兩種主要方式：有絲分裂和減數分裂 (圖 5-9，圖 5-10)。有絲分裂產生兩個子細胞，各與原來的母細胞構造和功用完全相同。先自我複製成兩個染色體，然後拉開形成兩個細胞核，有微管及細絲助其成兩個相同新細胞。

6. 減數分裂，形成的四個子細胞核是連續兩次的分裂結果。在雌體中一個發育爲卵，其餘三個退化。在雄體發育成四個精子。精子和卵都爲單倍數染色體，精和卵結合後併成兩倍數染色體，仍然維持生物中染色體數目不變。

7. 體細胞是構成生物體絕大多數的構成細胞，只進行有絲分裂而生長，不會把基因傳給下一代。

8. 生殖細胞 (配子) 是由減數分裂產生的，負責將基因傳給下一代。

## 5-6 植物的生殖

植物利用光合作用(圖5-11),將土壤中的無機物轉換成有機物,一方面供給自己本身生存所需,是一種自營性生物,另一方面供給非自營性生物——動物的大宗食品,是地球上生命活動中最主要的角色。

　　陸地上,苔蘚植物與維管束植物交替進行有性生殖和無性生殖,稱為世代交替。以蕨類植物的生活史為例(圖5-12),(a)葉片背面佈滿孢子囊,(b)孢子囊成熟,(c)內部細胞進行減數分裂,孢子囊裂開,孢子釋出,孢子(d)萌發和(e)長大,成熟的孢子上(f)有藏卵器和藏精器,(g)精子游向卵子造成受精,(h)合子在藏卵器中生成並進行減數分裂,(i)幼孢子體由配子體下端之合子中長出,(j)最後成長為成熟的孢子體。從(a)到(c)為無性生殖,(f)到(i)為有性生殖。

圖 5-11
光合作用
$$6H_2O + 6CO_2 \xrightarrow{\text{日光}} C_6H_{12}O_6 + 6O_2$$

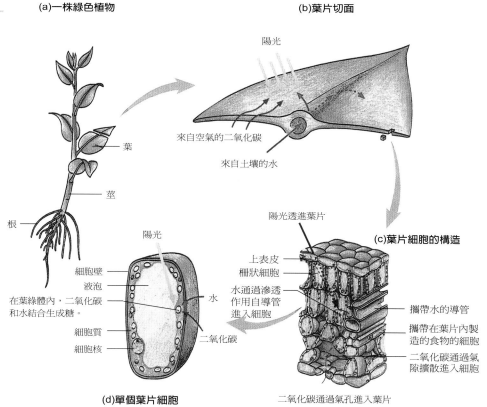

(a)一株綠色植物

葉
莖
根

(b)葉片切面

陽光
來自空氣的二氧化碳
來自土壤的水

(d)單個葉片細胞

陽光
細胞壁
液泡
在葉綠體內,二氧化碳和水結合生成糖。
細胞質
細胞核
水
二氧化碳

(c)葉片細胞的構造

陽光透進葉片
上表皮
柵狀細胞
水通過滲透作用自導管進入細胞
攜帶水的導管
攜帶在葉片內製造的食物的細胞
二氧化碳通過氣隙擴散進入細胞
二氧化碳通過氣孔進入葉片

植物演化到最高等的被子植物，花是主要的生殖器官，種子被果實包圍。一朵完整的花有雄蕊、雌蕊、花瓣、萼片、花托等部分（圖 5-13）。雄蕊由花藥和花絲組成，是雄性生殖器。雌蕊由柱頭、花柱、子房，及胚珠組成，是雌性生殖器。花瓣利用顏色和形狀以吸引蜜蜂等昆蟲來幫助傳播花粉。綠色的萼片有保護花朵的功用，花托則用來支持花朵。

圖 5-14 示一般開花植物的生活週期。右邊為雌蕊部分，胚珠內的大孢子（雌性種子）細胞(a)作減數分裂，形成四個單套體的大孢子，(b)三個大孢子退化，(c)殘留的大孢子作有絲分裂，(d)(e)兩度作有絲分裂成為八個單套細胞核，(f)細胞質分裂，生成含有七個細胞八個核的胚囊。下邊中及左分別為成熟的胚囊及心皮。珠孔是花粉管進入的地方，珠被保護珠心，珠心中有一個雙套體的母細胞，以後要發展成大孢子。上方雄蕊中花藥含有許多花粉囊空腔，是花粉粒發育的地方。(1)

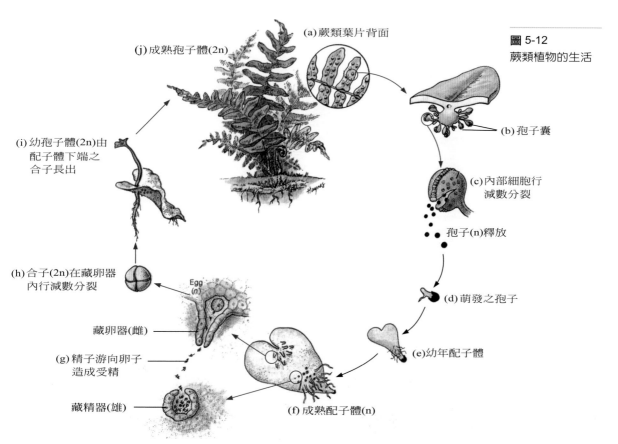

(a) 蕨類葉片背面

(j) 成熟孢子體(2n)

圖 5-12
蕨類植物的生活

(b) 孢子囊

(i) 幼孢子體(2n)由配子體下端之合子長出

(c) 內部細胞行減數分裂

孢子(n)釋放

(h) 合子(2n)在藏卵器內行減數分裂

Egg (n)

藏卵器(雌)

(g) 精子游向卵子造成受精

藏精器(雄)

(d) 萌發之孢子

(e) 幼年配子體

(f) 成熟配子體(n)

圖 5-13
花朵的構造

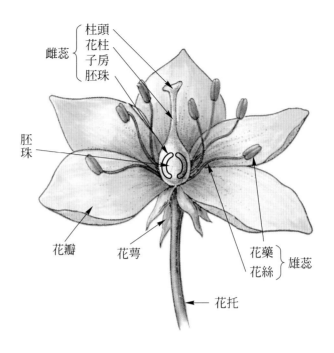

雌蕊
　柱頭
　花柱
　子房
　胚珠

胚珠

花瓣　　花萼　　　花藥
　　　　　　　　　　花絲 } 雄蕊

花托

圖 5-14
開花植物的生活週
期(摘自 Starr and Taggart
Biology)

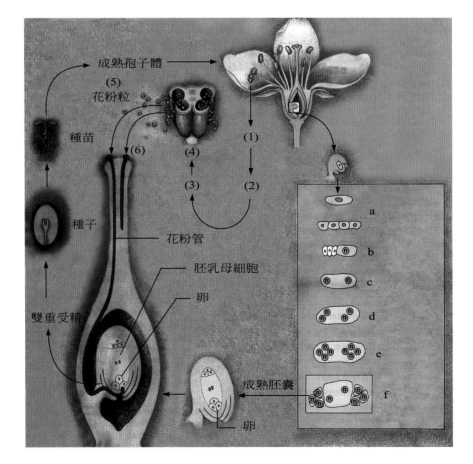

成熟孢子體
(5)
花粉粒
種苗
(6)
(4)
(1)
(3)
(2)
種子
花粉管
胚乳母細胞
卵
雙重受精
成熟胚囊
卵

a
b
c
d
e
f

(2)(3)進行有絲分裂，(4)花粉成熟並釋放。(5)經過風、鳥、蟲為媒介的傳粉作用，進入雌蕊（心皮）的花柱，(6)花粉中的兩個細胞在花柱中生長發育成一個花粉管及兩個精子，此三者共同組成雄性配體。花粉管進入珠孔貫穿胚囊，管端破裂，兩個精子釋放出來，一個精核和一個卵核融合，形成兩套體的新孢子。另一精核與胚乳母細胞中的兩個核融合在一起形成三套體的營養組織。雙重受精和世代交替的行為是植物生殖的兩大特色。

受精完成與花謝後，子房膨脹成果實，胚珠發育為種子，種子經播種後便長成一株新的植物。

曇花的葉或馬鈴薯的塊莖插入土中即可發芽生根，再長出新株，洋蔥的鱗莖或草莓及葡萄的莖所生的芽，觸地即向下生根向上生株，蘭花或榕樹可由地下許多莖和根發展成新株，這些植物利用葉、莖、根等器官再創造新生命；是高等植物繁殖後代的另一種方法，叫做營養繁殖，也是無性生殖（圖 5-15）。

圖 5-15
營養繁殖
(上)草莓的莖
(左下)曇花的葉
(右下)洋蔥的鱗莖

## 5-7 動物的構造

如圖 5-16 所示：

①系統，例如：消化系

②器官，例如：胃

③組織，例如：肌肉組織

④細胞

⑤分子

⑥原子

圖 5-16
動物的構造

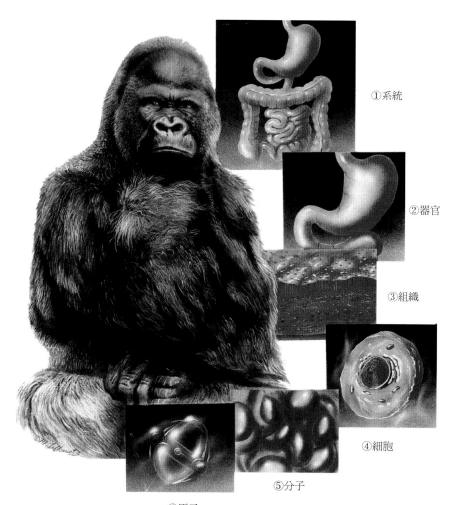

①系統

②器官

③組織

④細胞

⑤分子

⑥原子

## 5-8 動物的生殖

### 1.無性生殖

許多簡單動物不靠交配也能生殖。變形蟲和草履蟲等單細胞動物直接進行有絲分裂產生後代。水螅和海綿產生芽，芽成熟脫離母體而成新的一代。無性生殖所產生的子代和親代相似，沒有基因突變，適應環境的功能差。

### 2.有性生殖

有性生殖涉及父親精子和母親卵子的融合。卵受精後發育成為新個體。魚和蛙分別將精子和卵排在水中，進行體外受精。昆蟲、龜、蛇、鳥和哺乳動物，為適應陸地環境，雄者藉交配將精子送入雌體與卵結合，此為體內受精。蟲、龜、蛇和鳥類的受精卵發育成硬殼後排出體外，再孵化成新個體，稱為卵生。虎、鼠、馬及人類的受精卵留在母體的胎盤內，從母體獲得養分而形成，再自母體排出，是為胎生，受母親保護良好，這類動物的母親還會分泌乳汁餵食幼兒，故稱為哺乳動物。袋鼠的胎盤發育不全，140公分高大袋鼠的新生兒僅6公分大，其前肢已發育得十分健壯，可跳出媽媽育兒袋與母袋鼠同行，

隨時返回母袋吸食母乳成長。

## 5-9 遺傳規律

當一個新的生命脫離娘胎與人見面，他的親人和鄰居除了讚美孩子健康可愛外，最常說的是：「這孩子像誰？像他爸？像他媽？……」等等。不僅是人，任何有性生殖生物的許多性質和形狀（性狀），從某一個世代傳到次一個世代的現象，都叫做遺傳。

遺傳是人類很熟悉的事項，直到1866年奧地利修士孟德爾做實驗並提出論文，才揭示了遺傳學的規律，後人把它整理規畫得：

### 1.基本規律

控制生物遺傳的因素叫做**基因**(gene)，每一基因控制一種性狀。基因有兩種，一為顯性，一為隱性。個體內控制某一個性狀的基因是兩兩成對存在的，叫做對偶基因，此一對基因可能同為顯性，同為隱性，或一為顯性一為隱性。

### 2.分離規律

生物形成配子，此對偶基因即相互分離至配子中。進行有性

生殖時，雌配子的基因和雄配子的基因即組合在一起。當顯性基因與顯性基因或顯性基因與隱性基因相遇，只有顯性基因控制的性狀表現出來；隱性基因仍會傳給子代，只有在孫代或更後代遇到相同的隱性對偶基因才會表現出來。

### 3.獨立支配規律

又名自由組合規律。形成配子時，一對偶基因的分離不受另外一對偶基因的影響；形成配子時，非對偶基因會相互組合而至同一配子中。組合的機率為各個獨立之事件發生機率的相乘積。

孟德爾作了很多實驗來證明他的論述。

用豚鼠作實驗。以BB代表純品黑色豚鼠性狀的基因，以bb代表純品白色豚鼠性狀的基因。兩種豚鼠作親代交配，子代豚鼠的基因應為Bb，但是子代豚鼠只有黑色而無白色。用子代的豚鼠交配，獲得的第二子代豚鼠有 3/4 為黑色，1/4 為白色，這個兩子代的基因 Bb 與 Bb 分離成 B，b 及 B，b 重新組合而有 BB，Bb，bB，bb 等四種可能，前三種皆為黑色，後一種為白色。可見BB黑色為豚鼠的顯性性狀，bb 白色為豚鼠的隱性性狀(圖 5-17)。

同樣的方法，用純品的短毛豚鼠(基因為 SS)與純品長毛豚鼠(基因為 ss)雜交，得第一子代皆為短毛，第二子代中有 3/4 的短毛及 1/4 的長毛，基因為SS，Ss，sS，ss，可見 SS 短毛為豚鼠的顯性性狀，ss 長毛為豚鼠的隱性性狀。

如果用黑色短毛豚鼠和白色長毛豚鼠交配，所得第一子代豚鼠皆為黑色短毛。第二子代豚鼠中有

$$
\begin{aligned}
&\left(\frac{3}{4}黑色 + \frac{1}{4}白色\right) \\
&\times \left(\frac{3}{4}短毛 + \frac{1}{4}長毛\right) \\
&= \frac{9}{16}黑色短毛 + \frac{3}{16}黑色長毛 \\
&\quad + \frac{3}{16}白色短毛 + \frac{1}{16}白色長毛
\end{aligned}
$$

計算值與實驗值符合。

人類有許多性狀介入遺傳過程，茲列舉常見者如下：

例如一群有酒渦雙眼瞼的人和一群沒有酒渦單眼瞼的人結婚，他們的下一代都是有酒渦雙眼瞼的人。第二子代中有酒渦雙眼瞼、無酒渦雙眼瞼、有酒渦單眼瞼、和無酒渦單眼瞼四種人的比例為 9：3：3：1。

圖 5-17
用黑色短毛和白色
長毛豚鼠作雙性狀
雜交

BB 黑色短毛豚鼠

bb 白色長毛豚鼠

黑色短毛　　白色長毛　　　　黑色短毛

BBSS　　　bbss　　　　　BbSs

**第二子代的產生**

BbSs　　　BbSs

$\frac{9}{16}$ 黑色短毛 ＋ $\frac{3}{16}$ 黑色長毛 ＋ $\frac{3}{16}$ 白色短毛 ＋ $\frac{1}{16}$ 白色長毛

影響人類身高的遺傳基因超過十對，矮為顯性，高為隱性。顯性基因越多的人，個子愈矮。隱性基因越多的人，個子愈高。圖 5-18 為調查一族群中身高人數的分布曲線，中等身材者最多，為一常態分布曲線。

## 5-10　染色體和遺傳

基因無疑地是遺傳過程中關鍵角色。「基因在那裡？基因是什麼長像？」十九世紀沒有人注重孟德爾論文發表，當然也沒有提出疑問或後續發展。直到二十世紀，顯微鏡的倍率逐漸提高，甚至於有電子顯微鏡問世，生物學家觀察細胞結構與動態更清晰。細胞學家洒吞和巴夫來確定遺傳的基因位於染色體上，因為染色體的行動和遺傳基因的表現亟為相同。

染色體是細胞核中的一種絲狀物，亟易被鹼性染料著色易於觀察而得名，其結構是由一連串的 DNA 分子繞曲而成（圖 5-19）。

DNA的全名是**去氧核醣核酸**，是一個含有數百萬原子的巨型分子，其形狀像一具螺旋梯，兩旁

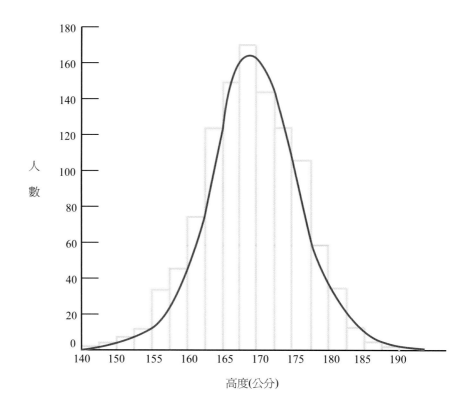

圖 5-18
調查某族群的身高
人數分布

梯桿由**去氧核醣**(S)和**磷酸**(P)重複
排列而成核苷酸鏈，中間各梯階
由四種含氮鹽基，**腺嘌呤**(A)、**胸
腺嘧啶**(T)、**鳥糞嘌呤**(G)、**胞嘧啶**
(C)，配對組成；A與T配成一階，
G與C配成一階。每個DNA中的梯
階順序不同，相鄰的三個含鹽基
組合成一個遺傳密碼，其內容因
生物個體而異（圖 5-20）。

　　細胞分裂時，每個 DNA 分子
中的梯階斷開，在 DNA 聚合酶幫

助下形成一對互補的複製品，新
生成兩個 DNA 分子中，各含有一
條舊鏈和一條新鏈，因而親代的
密碼藉細胞分裂而傳到子代（圖
5-21）。

　　含氮鹽基有四種，每次取三
種組成一密碼，因而有　4×4×4
=64種不同的密碼，一個密碼決
定一個特定的胺基酸，胺基酸的
連接構成了蛋白質，蛋白質是構
成細胞的成份，所以不同的密碼

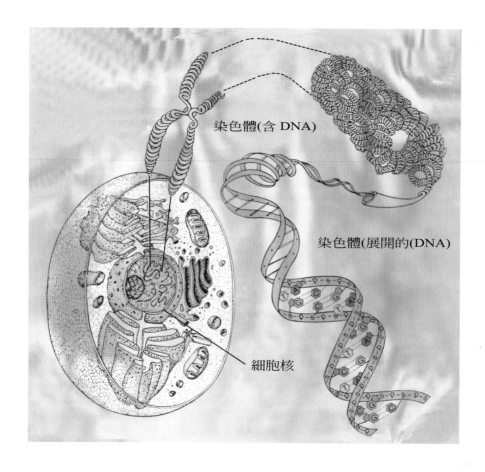

圖 5-19
細胞、染色體和
DNA

生物世界

就製造了不同的蛋白質和不同的
細胞。

1. 人類細胞中的 DNA 儲存兩萬到
兩萬五千個基因,每個基因都
含有遺傳密碼,可指示細胞如
何製造特定的蛋白質。基因是
遺傳的基本單位,它不會再分
割成更小的單位傳至下一代。
每個人的 DNA 藍圖不同,是人
的身份最有力的法律證據。

2. DNA 有個工作夥伴,叫做 RNA

(核醣核酸)。它的長相很像
DNA,但只有核甘酸鏈的單邊梯
桿,梯階是由 A、U(尿嘧啶)、
G、C組成,其功用是傳譯和傳
送 DNA 的信息至細胞質,以合
成蛋白質。

3. 染色體的末端,稱為端粒(Tel-
omere),端粒的長度決定人之
壽命,並可預測疾病。

4. 高等生物細胞分裂時,端粒會
縮短,使高等生物漸漸老化。

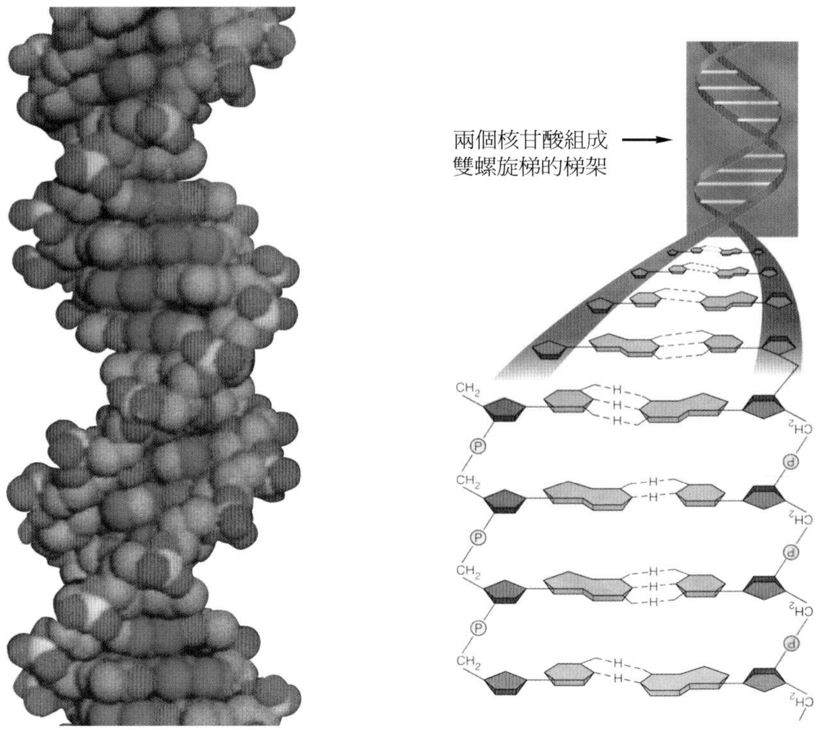

圖 5-20
DNA 的結構

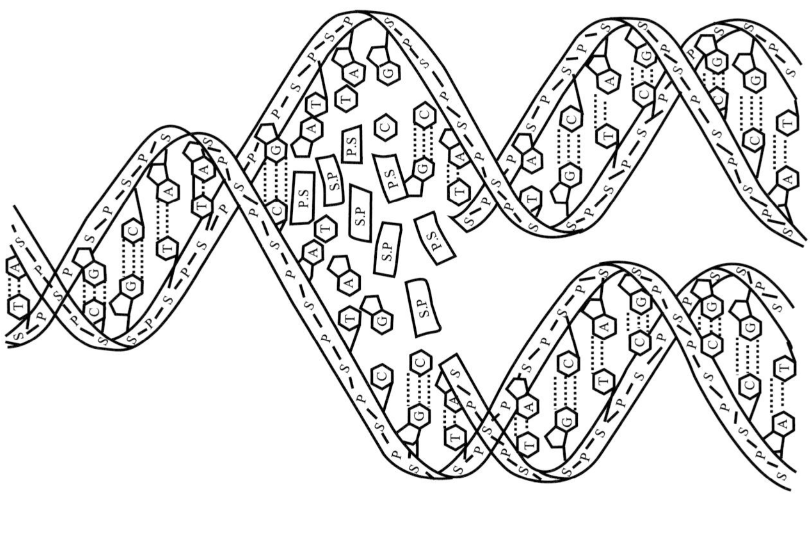

兩個核甘酸組成
雙螺旋梯的梯架 ←

(a)　　　　　　　　　　　(b)

圖 5-21
DNA 的複製

端粒酶會幫助端粒活化而拉長。菸、酒、壓力、創傷會攻擊端粒酶，以減低其效果。

5. 每種生物細胞中的染色體數目有一定。豌豆植株有 14 個，狗有 28 個，人有 46 個(22 對及 1+1)。在人的 46 個染色體中，女人有一對 X 染色體，男人只有一個 X 染色體及一個較小的 Y 染色體，此兩種染色體的組合決定人的性別，叫做性別色體。行減數分裂時，有含 X 染色體的精子，也有含 Y 染色體的精子，但只有含 X 染色體的卵子。如果卵子和有 X 染色體的精子相配，則配子染色體為 XX，故發育為女性。如卵子與含有 Y 染色體的精子相配，則配子細胞中染色體為 XY，將發育為男性。由圖 5-22 得知，人類男女的出生機率應約略相等。

人類其他 44 個染色體與性別無關，稱為普通染色體，決定人類性質以外的其他性狀。例如第 5 對與禿頭有關，第 6、7 對和糖尿病有關。

## 5-11 遺傳工程

同一對父母所生的子女也會有不同的性狀表現，稱為變異。受環境影響的變異不會遺傳到下一代；因為基因突變造成生物體的變異，會遺傳到下一代，是生物演化的重要因素。

基因的突變包括核苷酸的取代、缺失或插入，因而對合成蛋白質發生影響，進而影響了細胞的成長。突變對生物可能有利，有害，或沒有影響。突變的好處是提供成功的生殖率，產生適應環境的機能，此為生物進化的源泉。突變的害處是使某一蛋白質功用為零，若此蛋白質對生物活動過程中所不可缺少，此生物將遭受病害甚至於死亡。

目前生物學家在致力於將各種來源的 DNA 片段與細菌的 DNA 分子結合在一起，製造出新的蛋白質，已有若干成就，所得的產物在臨床醫療已廣泛應用，例如

胰島素，治糖尿病；生長激素，幫助侏儒發育；紅血球生成素，治貧血症；第VIII因子，治血友症；腫瘤壞死細胞，治癌症；心房利尿因子，治高血壓；特殊單株抗體，治某種傳染病。

這種人為的操縱基因，好像工廠的工程師一樣，把某些原料

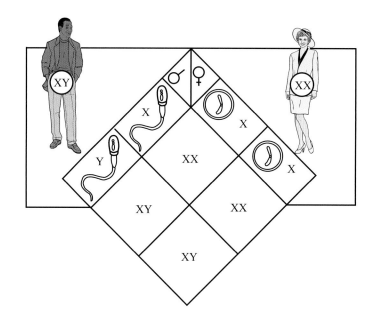

圖 5-22
生男育女的機率

用物理或化學的方法組合，以製造出所需要的產品，稱為遺傳工程。茲以抗癌基因的研究來作一說明。

談癌變色，科學家對癌的研究卻不遺餘力。目前對癌的研究發展是多方面的。1.已知某些病毒會造成某些癌症。2.致癌基因是細胞中 DNA 上的一段，由於其不正常的表現而造成癌症。3.目前已發現動物的致癌基因有十五種，其中十一種已在人體發現，例如腫瘤易感基因 101（TSG101）的存在而可抑制乳房腫瘤，TSG101 缺乏或被傷害時即有可能發生乳癌。4.在正常的細胞中，致癌基因是不活動的，一旦有病毒、放射線，和化學致癌物（例如香菸、石棉）會對DNA造成傷害，假如這些傷害造成致癌細胞活化，正常細胞就變成癌細胞。DNA 的任何變化都會經由細胞分裂而繼續傳遞，一個癌細胞會產生更多的癌細胞，終於將正常細胞排擠掉。5.致癌機制的瞭解是很重要，如何抑制癌細胞的發展且不傷害到正常細胞，是科學家正在努力的工作。

癌是惡性腫瘤，其形成是要經過一連串的基因突變、失落、轉移，或擴增等過程，醫學界治療癌發展的方向就是從基因治療

著手，要設法補強免疫細胞的機能，幫助掃除癌細胞。我國中央研究院癌症研究組已展開基因治療癌症的人體試驗。方法是從一個疱疹病毒中提煉出來的 TK 基因置於患者腦部，同時注入從病毒中萃取的藥物以釋放毒液來殺死癌細胞。又要注入白血球生成素 (GM–CSF) 來提升巨噬細胞的吞噬量，共同絕滅癌細胞。

遺傳工程的發展可說是方興未艾，英國愛丁堡羅斯林研究所宣布，用母羊乳腺的一個細胞複製出的小羊「桃莉」已存活了三年之久（圖 5-23）。接著紐西蘭也用近乎無性生殖的方法複製成三隻羊，美國奧勒岡用胚胎細胞製造出兩隻猴。臺灣也有五隻複製豬存活（圖 5-24）。一時複製動物紛紛亮相，好不熱鬧，這些複製動物都是雌性，因為是採用卵細胞及母體本身細胞。早在一九七一年，發現 DNA 雙螺旋鏈的諾貝爾獎得主華生即預言，高等動物可經人工方法進行無性生殖，嗣後有複製青蛙和兔子問世，而以羊的複製技術層級最高，複製猴是靈長類，也就是最接近人類的複製品。已經有不少人向這些科學家來申請，取出自己細胞來複製自己，這又牽涉到倫理和法律

圖 5-23
複製羊「桃麗」和它的主人，詹姆斯博士

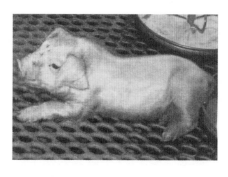

圖 5-24
臺灣複製豬酷比

的問題。遺傳工程是會有限制或無限制的發展下去呢？科學家當然不會因噎廢食，美國克利夫蘭西凱斯大學遺傳學者宣布可用人造染色體移植到罹患有遺傳疾病的人體上，使他們在成長過程中隨健康細胞分裂而正常成長，這真是許多先天疾病患者一大福音（圖 5-25）。

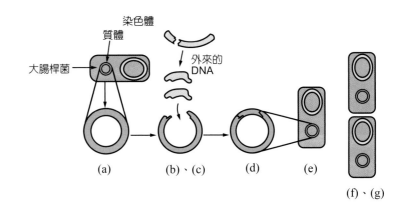

圖 5-25
(a)從大腸桿菌分離出質體
(b)用特殊的雷射截出一段或數段
(c)用同樣的方式來處理外來的 DNA
(d)將截斷的質體與外來的 DNA 片斷相混合
(e)以 DNA 接合使二者彌合
(f)重組的質體導入新鮮的大腸桿菌,有一部分細菌會吸收而保有該質體。
(g)這些重製的細菌會與一般細菌一樣不斷地繁殖,更新了大腸桿菌的性質。例如原來不會生產某種蛋白質的大腸桿菌,受新的 DNA 指令,而會產生某種蛋白質了

## 5-12 演化

　　根據化石的研究,地球的生物隨著時間而緩慢變化,變化的特徵要經過許多代才看得出來,這種過程稱為演化。

　　西元 1831 年,英人達爾文搭乘海軍獵犬號研究船環球航行,歷時五年,筆記所見數百種動植物的特性,返國後再經二十餘年的深思,於 1859 年發表物種原始一書,闡明演化過程及機制。以後由遺傳學的發達,許多證據指出基因突變為生物演化的原動力,更進一步支持達爾文的演化理論,目前居住在地球上的動植物數百萬種,無異地是歷經漫長時間演化而形成的。

　　地球的年齡有四十六億年,可能是由太陽分裂而形成的。開始是一團火熱,在歷經冷卻形成堅硬地殼過程中,多處火山爆發釋出二氧化碳和水蒸汽,水蒸汽凝結成水在低窪地區匯聚成海,滾燙的海水漸漸冷卻,又再吸收太空中的輻射能而生成一些簡單的有機物,如脂肪酸和胺基酸等,漸漸相互作用生成醣類、脂肪質、蛋白質、嘌呤、嘧啶等較複雜的有機物,再進一步合成有生命的物體。由於自然環境的改變,早期的物質演化生成葉綠素而進行光合作用,將二氧化碳和水轉化成葡萄糖,低等植物從此誕生。由於植物能自己製造食物,適應環境變遷,各類植物得以蓬勃繁衍。蜉蝣等微小簡單動物在植物叢中漸漸滋生。

　　生命源起於海洋。陸地能充分吸收氧氣,接受陽光和礦物質,於是植物和動物先後向陸地移植,發展出適應環境的不同品種。在

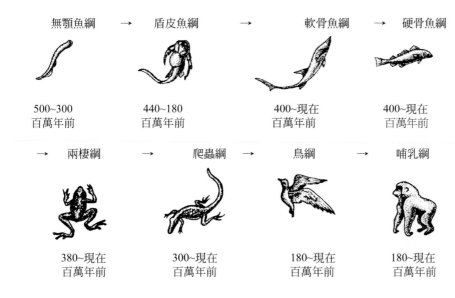

| 無顎魚綱 | → | 盾皮魚綱 | → | 軟骨魚綱 | → | 硬骨魚綱 |
|---|---|---|---|---|---|---|
| 500~300 百萬年前 | | 440~180 百萬年前 | | 400~現在 百萬年前 | | 400~現在 百萬年前 |
| → 兩棲綱 | → | 爬蟲綱 | → | 鳥綱 | → | 哺乳綱 |
| 380~現在 百萬年前 | | 300~現在 百萬年前 | | 180~現在 百萬年前 | | 180~現在 百萬年前 |

圖 5-26
脊椎動物之演化

5
生物世界

動物方面，由無殼和無脊椎動物，到魚類、兩棲類、爬蟲類、最後演化出哺乳動物。地質史上的泥盆紀水陸交融，沼澤遍布的地形是兩棲動物的天下。冰河漸漸消失，哺乳動物大量出現，而繁衍出來高智慧的靈長類動物(圖5-26)。

大自然環境是生物演化最明顯的因素，還有其他動力也促使生物演化。

### 1.天擇

生物經由生殖所產生的新個體往往較親代多，經過若干代的繁殖，生物個體的數目將超過食物所能供給或環境所能容納的程度，過度繁殖將引起生物為生存而競爭。競爭的結果，適於生存者就有較多生存與繁衍子代的機會，不適於生存者就有被淘汰的可能。天擇就是大自然將生物中適應環境的優秀個體挑選出來擔任傳宗接代的任務。例如北大西洋的馬德拉群島上原有五百多種甲蟲，翅長善飛者常被暴風雨擊落於海中，翅短飛不遠的甲蟲在暴風雨來臨時躲入岩石中得以苟延性命，因而現在該島所發現甲蟲兩百餘種多為翅殘不會飛的。又如長頸鹿的品種很多，因其以樹葉為食，低矮的樹葉吃完了，

圖 5-27
(a)南美洲因隔離而
　保有的鼠頭蝙
　蝠
(b)澳洲因隔離而
　保有的魔鬼獸
　(上)及 無 尾 熊

(a)

(b)

以後因板塊運動造成現在的分離大陸。澳洲與其他各大陸分離後孤懸海中，較少受到自然與人為的侵害，較古老的動物品種如袋鼠、無尾熊、魔鬼獸等(圖 5-27)，得以保存繁衍，這些動物在其他各洲早已絕種。又如達爾文在離南美洲一千餘公里的加拉把哥群島上，發現十一種海鳥中大多與南美本土的海鳥相同，而二十六種陸鳥中就有二十一種與南美本土的陸鳥迥異，而且各種陸鳥差異很大，這是因為陸鳥生活在自己島嶼，缺乏與本土母族來往，為適應當地環境，漸漸演化成不同的種類。因為地理的隔離，原為同種的生物可能在行為形態上產生差異，漸漸繁殖的方式與季節也有不同，自然失去相互交配的可能，於是新種生物形成(圖 5-28)。

頸短者就無法生存，長頸者可繼續採食高處樹葉而被保留下來。累積天擇的成果，造成更適應環境的新品種。

## 2.隔離

　　兩億年以前，地球上各大陸是連在一塊的，稱為盤古大陸，

## 3.基因改變

　　基因隨遺傳作用而在生物界中繁衍；如果沒有基因的改變，同一種族中個體間的性狀就不會有差異，當遭受地球環境改變時，這一種族不能適應就有滅種的可能。實際上，這一種族能夠繼續繁衍下去，在基因必作若干修正。第一，基因突變，導因於 DNA 的

化學變化及染色體構造的改變，由產生新的對偶基因遺傳下去，發生的頻率雖低，但都是一些壞的基因。自然的選擇將攜帶有害基因的個體淘汰，使具備有益基因的個體更適於生存。在人類，近親不宜結婚，以避免將色盲、白子、血友病等隱性有害基因遺傳下去。第二，基因流動，一個族群中少數個體與另一類似族群內個體交配繁殖，因而有新的基因流入。第三，基因變遷，族群的基因出現頻率因意外的機會而發生改變，如前面所述，會飛的甲蟲雖然很優秀卻反而被淘汰。

綜合現代遺傳的研究，以及化石（還有胚胎學等）的證據，基因改變是進化的原動力，由自然環境的選擇而把適應的生物流傳下來，再分枝成許多新的種族繁衍。人類屬於哺乳動物中的靈長類，和猿（猩）、猴子是由同一祖先演化而來。

## 5-13　人正在演化中

最古老的化石"婦女露西"和"女童賽蓮"均在依索比亞掘得，奠定了東非大峽谷是人、猿分道揚鑣源起之地。人能直立（圖5-29），空出前肢能攀攫更多食物。腦容量增大，漸漸能製造武器，思考行止。人走出非洲（圖5-30），來到喬治亞，此地東擁裡海，西濱黑海，氣候溫和，尋食容易。原始人在那活動了數十萬年，又再度大遷移。或許是適應氣候和食物，遷移人的基因發生重大的重組。向西掃遍歐洲，向東橫跨亞洲，甚至於渡過白令海峽，南下北、中、南美洲。這兩

圖 5-28
加拉巴哥群島上，各島嶼的鳥同一祖先，但已演化成各種形態

圖 5-29
猴、猿(猩猩)、
人，誰演化得快？

圖 5-30
走出非洲

股大移民，與留在非洲的舊居民，膚色分明，基因大改變，6 萬年前就完成了。假若有位深膚色的人，即令其居住北歐三代，恐怕難以漂白各種性狀。

現今，交通方便，人們來往頻繁，演化繼續在進行，以近伍百年的觀察，可能受下列因素影響。

### 1.強噬弱

17 世紀，歐洲人挾強槍烈火入侵美洲，印第安人難以抵抗，人口比例逐漸減少。

## 2.多融少

三百年前，滿清入主中華，如今已少見自稱是滿人。

## 3.父勝母

不同種族的人通婚，父親的基因佔優勢。例如連任成功的歐巴馬總統，他的父親老歐巴馬是肯亞的黑人，他的外祖父母是來自美國肯塔州的白人。

## 4.不可逆

宇宙有很多自然變化是不可逆，混血兒愈來愈多，純白和純黑的人愈來愈少。

# 5-14 重點整理

1. 地球上物體分爲生物和無生物兩大類。具有呼吸、排泄、營養、生長、生殖、運動、感應、形態等生命現象者爲生物。

2. 細胞是生物的細微單位和基本單位。由細胞結合成組織、器官、系統，以至各種不同的生物。細胞內細微結構又有細胞核、細胞質、細胞膜等。

3. 生命體由單純的元素所構成。碳、氫、氧結合而成醣類及脂肪，加上氮可形成氨基酸，加上磷可形成 DNA 及 RNA。

4. ATP 和 APP 擔任細胞的能量輸送。

5. 酶的作用，在增進細胞達化學反應之速率。

6. 細胞經過有絲分裂和減數分裂兩種方式來增多細胞數目，用以補充衰老或死亡的細胞，修補組織器官，促使生物長大，啓動生殖工作。

7. DNA 含有龐大的資訊，是生命的設計圖，指令胺基酸合成蛋白質，乃生命之基礎，擔負各種生物化學反應。

8. 植物利用光合作用，將土壤中無機物轉換成有機物，供給本身營養，也提供動物的大宗食品。植物的生殖有營養生殖、無性生殖，和有性生殖等。

9. 動物有無性生殖、卵生、胎生等方式以延續生命。

10. 生命的許多性狀從某一個世代傳到次一個世代的現象叫做遺傳。

11. 孟德爾遺傳規律：基因規律、分離規律、獨立支配規律。基因有顯性和隱性，是兩兩成對存在的。

12. 基因藏在細胞之染色體中，是遺傳的關鍵。

13.染色體由一連串的 DNA 分子繞曲而成。

14.DNA 的結構成螺旋梯形。兩旁的梯桿由去氧核醣
(S)和磷酸(P)重復排列而成核苷酸鏈。梯階由腺
嘌呤(A)、胸腺嘧啶(T)、鳥糞嘌呤(G)、胞嘧啶(C)
配對組成因梯階的順序不同,每相鄰的三階,組
成一個遺傳密碼。

15.人類細胞中儲存兩萬個到兩萬五千個基因,每個
基因都含有遺傳密碼。

16.細胞分裂時,每個 DNA 分子中的梯階斷開,形成
一對互補的複製品,新生成兩個 DNA 分子中,各
含有一條舊鏈和一條新鏈,新代的密碼藉細胞分
裂而傳到子代。

17.人的染色體有 46 個,其中女人的一對 X 染色體,
和男人一個 X 染色體及一個 Y 染色體的配合,決
定子代的性別。

18.基因突變會使生物遭受病害,也會產生適應環境
的機能,使生物能更適於生存。

19.用人為的方法改變基因的遺傳工程,是目前科技
界重要的發展主流,從人類或動物先天的基因改
造或複製開始,開發了許多藥品及醫療方法,增
強生長,對抗疾病,對人類造福良多。

20.地球的年齡約四十六億年,漸漸演化成目前形態。
三十億年前開始有生命跡象,由低等植物漸漸演
化成高等植物,同時孕育簡單動物。生命源起於
海洋,歷經演化而有爬蟲類、哺乳動物、人類的
誕生。天擇、隔離、和基因改變是促進演化的動力。

# 習 題

( )1. DNA具有建造新細胞所需的全部遺傳指令，DNA的中文化學名稱是　(A)去氧核醣核酸　(B)氧化多醣核酸　(C)多醣氧化核酸　(D)去核氧化醣酸。

( )2. 植物的主要生殖器是　(A)花　(B)果　(C)莖　(D)根。

( )3. 植物專有，擔任光合作用及製造養分的是　(A)葉綠體　(B)染色體　(C)粒線體　(D)核糖體。

( )4. 魚類的生殖是　(A)卵生、體外受精　(B)卵生、體內受精　(C)營養生殖　(D)無性生殖。

( )5. 人的呼吸，可將葡萄分解為水及二氧化碳，並放出能量，稱為　(A)光合作用　(B)酶的作用　(C)分解作用　(D)合成代謝。

( )6. 形成四個子細胞核，是　(A)一次有絲分裂　(B)連續二次有絲分裂　(C)一次減數分裂　(D)連續二次減數分裂的結果。

( )7. 酶是用來　(A)產生化學反應　(B)產生有絲分裂　(C)產生減數分裂　(D)增進化學反應的速率。

( )8. 人的雙眼瞼是顯性性狀，單眼瞼是隱性性狀。今有一對夫妻，夫為雙眼瞼，妻為單眼瞼，所生四個子女中，有幾個人是單眼瞼？　(A)四人　(B)兩人　(C)一人　(D)沒有。

( )9. 「物種原始」一書，是何人寫的 　(A)牛頓
　　　(B)達爾文　 (C)愛迪生　 (D)孟德爾。

( )10. 遺傳基因位於　(A)葉綠體上　(B)染色體上
　　　(C)粒線體上　(D)核糖體上。

( )11. 生命源起於　(A)陸地　(B)海洋　(C)大氣
　　　(D)岩石。

12. 生命的現象由_____、排泄、_____、生長、
　　_____、運動、感應、形態等八大特徵來表現。
　　(答案可以互換)。

13. 生物最微細最基本的單位是_____。

14. 細胞分裂有兩種方式：有絲分裂、和_____分
　　裂。

15. _____改變是進化的原動力。

16. 常常_____，可以促進肌肉生長和血液循環，刺
　　激新陳代謝。

17. 生物細胞含有 75% 至 85% 的_____。
　　植物藉_____吸收空中的二氧化碳及地下水、空
　　中水，進行光合作用，而生成葡萄糖。

18. 脂質含有大量的化學能，是生物能量的_____
　　庫。

19. _____是生命中最龐大、最複雜的一種物質。

20. 腺核苷三磷酸(ATP)和腺核苷二磷酸(ADP)配合，擔
　　任細胞的_____輸送。

21. 核糖核酸(RNA)是遺傳指令的傳_____者。

# 6 我們的身體

## 學習目標

1.明瞭自己的身體的各個器官構造及功用

## 6-1　組織

　　人類由億萬個細胞組合。某些相似的細胞聚集在一起，共同執行一項功能，稱爲組織(tissue)。人類有四種組織。

　　上皮組織，覆蓋著人身體內、外的全部表面。例如皮膚，外層較薄，內層眞皮較厚。

　　肌肉組織，可以收縮伸展的細胞組合，使動物移動身體任一器官時，可伸縮自如。

　　結締組織，在動物體內，擔負支持和連結其他組織的任務，例如骨骼和軟骨。血液則是循環整個動物體內的液體結締組織。

　　神經組織，由一群神經細胞組合，將電波信號由人的某一部位傳送到另一部位。

　　兩種以上的組織形成器官。各種器官細胞的形質各不相同，如及圖 5-16 及圖 6-1 所示。多種器官協同一項生物的生命工作，稱爲系統。醫生以系統分科爲病人服務，而以器官爲診療標的。

## 6-2　呼吸

　　生物以呼吸爲第一要義，人的呼吸系統，包括鼻、咽、喉、氣管、支氣管、肺、肺泡等。(圖 6-2)

　　富氧的新鮮空氣，由鼻腔吸入，經咽、喉、氣管、主支氣管、二級支氣管、細末支氣管，終於

圖 6-1
各種形式的細胞

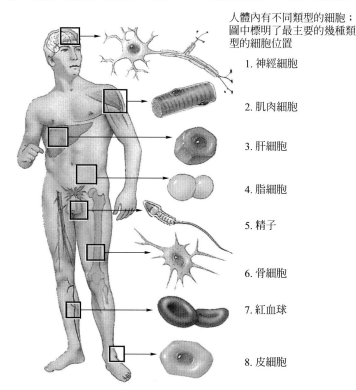

人體內有不同類型的細胞；圖中標明了最主要的幾種類型的細胞位置

1. 神經細胞

2. 肌肉細胞

3. 肝細胞

4. 脂細胞

5. 精子

6. 骨細胞

7. 紅血球

8. 皮細胞

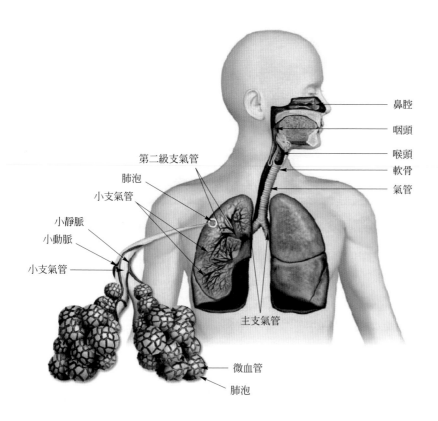

鼻腔

咽頭

喉頭

軟骨

氣管

第二級支氣管

肺泡

小支氣管

小靜脈

小動脈

小支氣管

主支氣管

微血管

肺泡

細微的氣囊，肺泡（alveoli）。人的肺泡多達三億個，連同眾多支氣管，組成肺臟（lungs）。人的肺臟有左、右兩個。肺泡外佈滿微血管，血液在此與吸入之新鮮空氣相遇，溶入氧氣，將不用之二氧化碳交給肺泡，經原路呼出。人的呼吸系統及肺泡頗類似倒立之樹，氣管如樹幹，支氣管如樹枝，肺泡似果實。

呼吸為人體運轉第一要務。如果呼吸系統停止工作，那麼人不能成為人哪！所以呼吸系統要

常常保持淨潔順暢。圖 6-3(a)為正常人之肺(b)吸煙者之肺之比較。

不潔的空氣，除了烟、塵等固體粒子外，也有具有生命的細菌參雜其間，一旦被動物吸入，寄生於動物體內，破壞宿主的免疫系統，危害宿主的器官及組織，嚴重者可導致宿主死亡。十年前的 SARS（嚴重的阻斷呼吸症候群），及最近的禽流感（Birds Flu），人的肺部被細菌攻擊，被吞噬如同枯葉，有不少的人因而

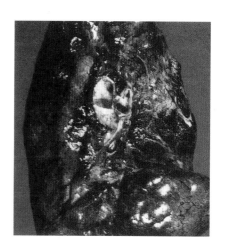

圖 6-3
正常人與吸煙者之
肺，左為正常

喪生。環境衛生要加強，接觸禽、獸應特別小心，個人衛生要注意。瘟疫（epidemic）或可遠離人類。

　　附註：禽流感的病毒極易產生變體，而以 H 及 N 表示。H 血液凝集素，N 神經氨酸酶；2013 年流行於上海的禽流感為 H7N9。

# 6-3　消化

　　消化（digestion）系統，器官繁多，各司功能，將食物融通軟化到底。

1. 食物進入口腔，牙齒細嚼，以免系統負擔過重。經過約長 25cm 的食道進入胃。
2. 胃分泌胃液，且可蠕動，使食物轉化成半粥狀（糜），慢慢注入小腸。
3. 大量的消化及吸收作用，均在小腸進行。小腸約長 7.5m，有許多環狀皺褶及絨毛。十二指腸屬於小腸的一部分。由胰臟和小腸分泌消化酶、肝膽提供膽汁，輸入小腸進行消化工作。醣類分解成葡萄糖等，蛋白質分解成胺基酸，二者由血液輸送，成為各器官的營養，或送到肝臟儲存。脂肪不容易溶解，在身體內各處游動，最後化為脂肪酸，才成為被吸收的養分。
4. 盲腸或闌尾的消化功能微小。
5. 大腸儲存糞便。糞便是未消化與未吸收的物質，並摻有水及細菌。細菌以廢物為食，可生產維生素。如尚有廢物，經直腸和肛門排除。
6. 肝臟（liver）位於右上腹部，是人體內的化學工廠，各種物質代謝的中心。

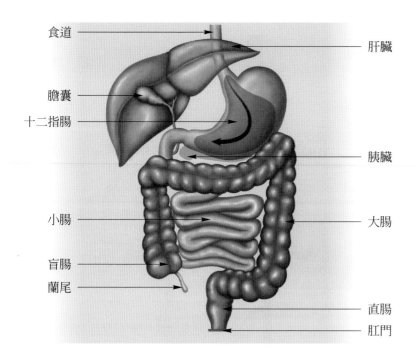

食道

膽囊

十二指腸

小腸

盲腸

蘭尾

肝臟

胰臟

大腸

直腸

肛門

圖 6-4
消化系統

人吃飽後，過多的葡萄糖會被肝臟轉化成肝糖、中性脂肪(三酸甘油脂)來儲存。能量不足時，肝糖分解成葡萄糖，脂肪酸轉化成新能量。肝臟合成各種脂質，如脂肪酸、膽固醇等，也合成蛋白質輸入血液。腸及身體各部進行代謝時，產生有毒性的氨，經肝分解後成為無毒的尿素。膽汁由肝製造，儲存於膽，決定糞便及尿液的顏色。

7. 胰臟(Pancreas)，分泌胰液，含有鹼性的消化酶，用以中和胃液中的鹽酸，分解醣、脂、蛋白質等。胰臟中有兩百萬細胞聚集在一起，稱為胰島，胰島素控制血糖含量，血糖過高，排尿過量，體內水份缺乏，廢物溶質超濃，蛋白質和脂肪的合成下降，體重驟減，腦部功能衰弱，稱為糖尿病，嚴重者可導致喪命。注射胰島素可緩和病情，延長生命。

## 6-4　血液

血液循環，以心臟為動力，血管為通路，血液流遍全身。

心臟由心肌所組成的中空器官，擁有左、右二心室和左、右

圖 6-5
血液的體循環和肺
循環

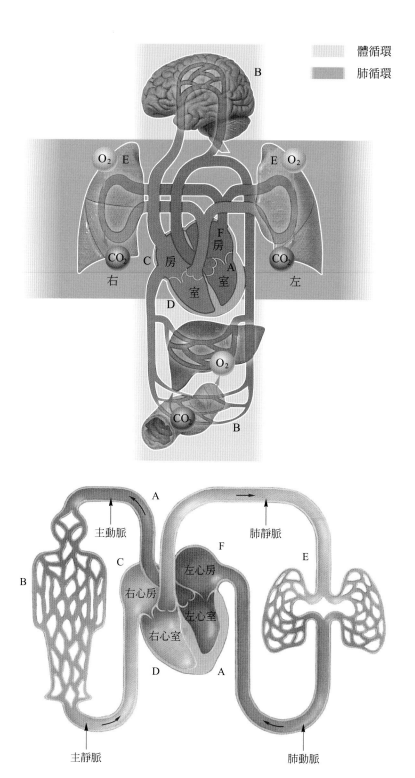

體循環
肺循環

B

O₂ E    E O₂

F
房

CO₂  C  房    A
右     室  室    左     CO₂

D

O₂

CO₂
B

A
主動脈

C
右心房    左心房
F
B
E
右心室    左心室

D            A

主靜脈    肺動脈

肺靜脈

二心房。心房(atrium)收集血液，心室(ventricle)是推出血液。心臟不停地工作執行體循環及肺循環。

血液從左心室(A)出發，經主動脈到達全身組織(B)，流經微血管後進入靜脈，匯合到主靜脈，回到右心房(C)，此為體循環。過程中，血液將養分與氧氣分送到各組織，同時收集各組織代謝所產生的廢物(圖6-5)。

回到右心房的血液，經房室瓣注入右心室(D)再出發，經過肺靜脈(E)、微血管、與肺泡交換氧氣和廢氣，再經肺動脈，回到左心房(F)，此為肺循環。過程中，將$CO_2$釋放給肺，而新鮮的$O_2$擴散進入血液。回到左心房之血，再度注入左心室(A)，開始另一大循環。

心臟有房室瓣和動脈瓣，管制血流方向而不至於倒流。心肌所有動作，都會產生聲波和電位差，醫生用聽診器或心電儀診視，可據以判斷心臟是否有病變。

血液衝入血管所造成的壓力稱為血壓(blood pressure)。心室收縮，血壓上升，血液唧出。心室舒張，內腔恢復原來大小，血液流入。收縮壓與舒張壓之比約為128比74mmHg。

送血液到全身各部的血管稱為動脈，肌肉壁較厚，血壓較高。

血液經過各器官後，含氧少，經微血管、靜脈回到心臟，血壓較低。

骨(bone)支持我們的身體，保持身體形態。骨髓(marrow)，骨中脂肪狀半流體，神經和血管貫穿其中，是製造血球的工廠。分別製造出骨髓幹細胞和淋巴幹細胞，再繼續製造出形形色色多功能的各種血球。

血液(Blood)由血漿、紅血球、白血球、血小板混合組成。

血漿中大部份是水，其餘有電解質、葡萄醣、胺基酸、血漿蛋白質、脂質等。所含的蛋白質類型因人而異，因而造成人類有四種主要血型：A、B、O 和 AB型。

吃，為人生第二重大事件，富裕的人們，不但要求吃到飽，而且講求吃得精緻，伴隨而來的是多油、多鹽、多糖、多燒烤；高血壓、高血糖、高血脂，必接踵報到。吸煙和酗酒亦是直接危害循環系統的元凶。

高鹽攝食，提高血壓，心臟負荷沉重導致心臟肥大，無法有效輸送血液。高血壓亦導致動脈血管壁硬化，影響輸血至腦。脂肪攝食過多，血液中所含膽固醇在動脈壁堆積，血小板流動不順，導致心絞痛與諸多的心臟疾病，諸如心律不整等。糖尿病為遺傳

病，飲食不當，更使糖尿病年輕化，病情加重。

## 6-5 免疫

　　動物的身體是一個生物戰場。沾染上的細菌伺機而入，身體免疫系統執行抵抗殺敵。

　　18 世紀的英國醫生金納，用種牛痘的方式，有效阻截天花(麻面)流行病，揭開了免疫(immunity)的研究。痢疾、傷寒、霍亂等流行病，比天花更可怕，被傳染到，幾乎是立即死人。找到了疫苗，打疫防針，這些流行傳染病，到 20 世紀已經絕跡。

　　入侵人體，破壞部份細胞和組織，引起疾病的生物，叫做病原體，例如病毒、細菌等。對抗大範圍病原體的防禦系統叫做非專一性抵抗，例如眼淚、足汗、身體內的吞噬細胞等。對抗某一特別病原體，有免疫系統。人體可以產生特殊化合物稱為抗體，且可對病原產生記憶。當病原再度出現時，可迅速反應，連絡其他免疫細胞，迅速消滅來犯。

　　淋巴系統(Lymph system)亦如血液，分佈於全身，淋巴細胞或稱淋巴球，活躍於全系統，其功用為 1.將過剩的濾液淋巴，及滲出的蛋白質送回血液。2.運送自消化道吸收的脂肪，製造抗體。3.將外來的病原體攜帶至淋巴結處理，和白血球中諸吞噬細胞共同執行免疫工作。如果外來病原體增強，淋巴結腫大，甚至於成癌，必須割除淋巴，以暫保生命。

　　脾臟(spleen)是最大的淋巴器官，在胃之左後方，有製造新血球、破壞舊血球、調節蛋白質、脂質、碳水化合物等功用。

　　人體內任何細胞只要有突變發生，就有致癌細胞產生的可能，其誘因有病毒侵襲、化學物和輻射線干擾等。一旦癌細胞產生，它就會無限制地瘋狂分裂，破壞

圖 6-6
免疫系統

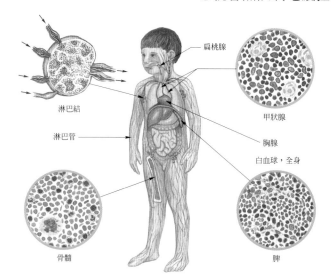

扁桃腺

甲狀腺

淋巴結

淋巴管

胸腺

白血球，全身

骨髓

脾

了周圍的正常細胞和組織。

　　初期癌症可用手術切除癌細胞。如果癌細胞已開始蔓延，就要用藥物或放射線治療；會殺死癌細胞，同時也會破壞正常細胞。目前的研究是設法從其他動物身上萃取單株抗體，此單株抗體可使癌細胞顯形，以導引藥物附著到癌細胞而執行殺癌工作，且不致於危害到正常細胞。

　　人體有一套免疫系統，由巨噬細胞、T細胞、B細胞、和漿細胞等分別擔任對病毒細胞的偵察、標識、攻擊、記憶等工作，為人類抵抗了許多微生物到人體寄住和侵犯，避免引發疾病。扁桃腺位於防疫的第一道關口，咽喉，呈卵圓形，受細菌攻擊，如警鈴般，引起發燒、呼吸、嚥食困難等症狀。宜遵從醫療、多喝水休息。有兩種病毒HIV-1及HIV-2若成功地侵入人體，會減弱免疫系統的能力，使病者死於細菌感染或癌症。目前尚未研製完全的藥物和方式來阻遏HIV-1及HIV-2兩種病毒的侵犯，得了此種病症的人，只有死路一條。這種病叫做後天免疫不全症候群，又稱為愛死病(AIDS)。

　　HIV病毒侵入或傳染，必須藉帶原(病)者的體液傳至另一個人

的組織。經研究，男同性戀者被傳染的機會最大，其次是共用針頭注射靜脈藥物者。經由異性性交，AIDS 也會傳染給婦女及小孩。一旦被傳染，初期病徵並不明顯，漸漸體重減輕，發燒、疲勞、淋巴結腫大，夜汗濕被等。如果上述症狀持續超過三個月而不能歸究於某種疾病，大概可以診斷為 AIDS。這種世紀絕症，有人說是上帝對吸毒者或任意搞性關係者一種亟嚴厲的懲罰。

## 6-6　激素、泌尿

　　激素，又名荷爾蒙(hormone)、腺素、分泌腺。汗是外分泌腺，透過管道將廢物排泄到體外。內分泌腺，隨著血液運行到全身體，傳遞訊息。激素協同神經系統，指使身體接受控制進行各種活動。生長激素，促進醣和脂質之代謝，刺激骨骼和肌肉之生長。泌乳素，刺激婦女泌出乳汁。甲狀腺，調節代謝，增強細胞活動。胰島素，刺激身體吸收葡萄糖，降低血糖濃度。腎上腺，收縮血管，增加心跳，提高血糖質，以使身體適應外在壓力。性腺，刺激男、女性之愉悅。

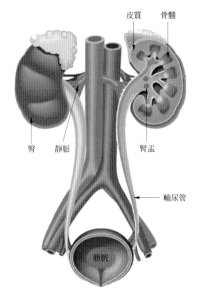

圖 6-7
泌尿系統

皮質　骨髓

腎　靜脈　　腎盂

輸尿管

膀胱

　　血液由主動脈的分支腎動脈進入腎臟，過濾後的血液則由腎靜脈經下腔靜脈回到心臟。被排除有毒無營養的物質及多餘的水份，收集在腎臟中的腎盂內，形成尿液，經輸尿管送往膀胱貯存，待有尿意時經尿道排除體外。(圖6-7)。腎臟中有百萬個職司過濾的腎元，每個腎元皆是一條長而彎曲的細管。當腎臟功能衰退到百分之九十以上，不能有效排除體內代謝含氮廢物，造成尿毒素滯留及水份、電解質、酸鹼平衡失調時，即俗稱「尿毒症」的光臨，也是慢性腎病的末期，如不洗腎或換腎，性命即將朝不保夕。

　　腎臟(kidney)位居胃及肝的後方，其功能是把血液中的尿素過濾掉，淨化血液、維持身體適當的滲透狀態。如果腎衰竭，人也會趨向死亡。

　　圖 6-8 為俗稱人工腎臟的血液透析術機件安排。病患接受洗

圖 6-8
人工腎臟血液透析
術機件安排

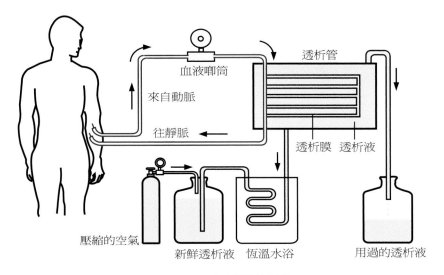

血液唧筒

來自動脈

往靜脈

透析管

透析膜　透析液

壓縮的空氣　　新鮮透析液　恆溫水浴　　　用過的透析液

血液透析術

腎治療時，一隻細管插入病人前臂動脈，另一條則插入靜脈，用唧筒（血液泵）將血液抽至人造透析膜多孔長管裡，管子盤繞在充滿透析液的容器中。血液內有毒物質會擴散通過膜而進入容器，濾清的血液，如果缺少的某些礦物質，葡萄糖和氨基酸等，也可由透析液經透析膜注入補充後，再經靜脈回到體內。一般病患每週約需 12 小時的洗腎，分三次完成。接受洗腎後病人的健康幾乎和正常人一樣，如處理得當，飲食生活控制良好，生命可延長到十年以上。

　　某些病患也可用自己的腹腔內膜當作透析膜，再加上血液泵等機件，病人就可自行處理洗腎而不必跑醫院了。當然最徹底的醫療方法是換腎，那要等到意外死亡的人志願捐腎，還要看適不適合呢！臺灣地區尿毒症最主要的原因是慢性腎臟炎、糖尿病腎病變、高血壓及慢性腎盂炎。多注意飲食、血壓和生活習慣，對任何病症，預防永遠重於治療。

## 6-7 神經、腦

　　人之神經系統遍佈全身，人之一舉一動、一顰一笑，莫不受神經（nerve）驅動。擔任傳遞信號的細胞稱為神經元（neuron），存在於腦或脊髓中，為神經工作之最基本單位，其構造如圖 6-9 所示，是人體內最長的細胞。

　　樹突，將訊息傳入細胞體。軸突為神經纖維，將訊息傳出細胞體。髓磷脂，保護傳遞訊息之細胞。突觸，兩個神經元之結點，將訊息傳出神經元。

　　中樞神經系統，包括腦（brain）和脊髓，處理傳入的神經訊息，控制送往肌肉及其他器官的神經訊息。周圍神經系統，接受由感覺神經元收集從各器官傳來的訊息。運動神經元將指令下達給運動器官（例如手、足）。交感神經系統加速心搏，副交感神經系統使心搏減慢。

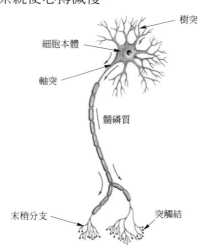

圖 6-9
神經元

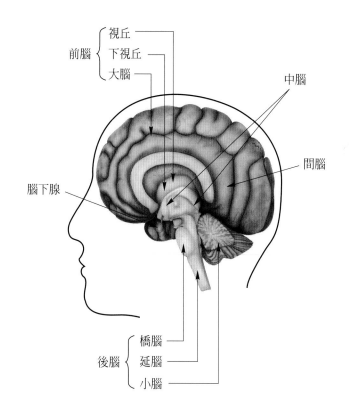

圖 6-10
人腦的側面解剖

視丘
前腦 下視丘
大腦

中腦

間腦

腦下腺

橋腦
後腦 延腦
小腦

　　所有的神經訊息均匯集於頭腦（圖 6-10）。大腦的左半球控制身體的右側，右半球則控制左側。大腦協調身體的運動，擔任記憶、學習、感情、思考等工作。視丘為腦部的感覺轉換帶。腦下腺接內分泌系。視丘傳遞感覺。下視丘調節體溫與慾望。中腦反應視覺與聽覺。小腦主管肌肉收放、姿勢平衡等。間腦是感覺神經的中繼站，內分泌最高中樞，腦內時鐘，調節體溫。延腦職司呼吸、心跳、血壓等。橋腦為腦部與脊髓之交通管道。當然，頭腦也滿佈血管，接收氧氣和營養，排除廢物和廢氣。血液循環阻塞，能吃能呼吸，但是頭腦不能正常工作，不能運動，中風（stroke）哪！甚至於變成植物人。

　　牛和羊是草食動物。人餵以骨粉，希望牛、羊增進肉質，卻使牛、羊獲得不適當的蛋白質（Prion）。牛、羊的腦神經空洞化成海綿狀。在牛得了狂牛症，在羊得了羊搔癢症，羊的全身發癢，而致顫抖摔倒。這兩種病症是人

畜共通的傳染病，人吃了病牛、病羊，人的腦、脊髓也因此受損而致死亡。

## 6-8　生殖

圖 6-11 為男性生殖系統。睪丸，產生精子。副睪丸，儲存精子。陰莖，性交的交接器。攝護腺、柯氏腺、儲精囊，製造分泌物到輸精管內。射精時，精子經過輸精管，與分泌物混合成精液，再由尿道射出。

圖 6-12 為女性生殖系統。卵巢，產生卵子，分泌性激素。輸卵管，借內壁纖毛的波動，將卵巢每 28 天排出來的一個卵輸送到子宮。射入女體的精子如在輸卵管與卵相遇，則會受精。如果母親一次排出兩個卵子，又同時受精，將生出形貌略有差異的龍鳳子女。單個受精卵在細胞分裂的早期，可能形成兩個單獨的胚胎，而生出形性極接近的雙胞兄弟或雙胞姐妹。受精卵在輸卵管中進行有絲分裂而開始發育，繼續下移至子宮，而在子宮壁上著床。子宮下方的陰道與泌尿系統的尿道分開，僅為性交時容納陰莖之器官。

單細胞的受精卵開始分裂，由 1 變為 2，變為 4，變為 8，……變成一堆細胞，稱為胚泡，並產生胎盤。胎兒需要營養與氧氣，也需要排泄，都是經過胎盤與母

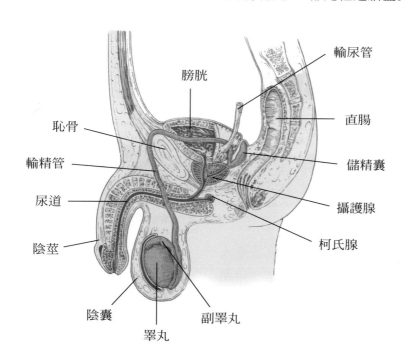

圖 6-11
男性生殖器

膀胱

恥骨

輸精管

尿道

陰莖

陰囊

副睪丸

睪丸

輸尿管

直腸

儲精囊

攝護腺

柯氏腺

自然科學概論　**151**

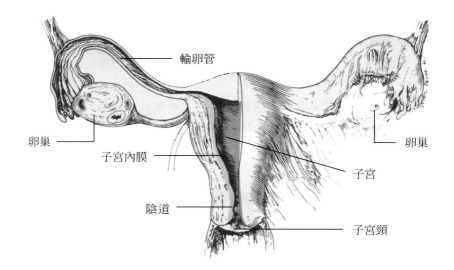

圖 6-12
女性生殖器

輸卵管

卵巢

卵巢

子宮內膜

子宮

陰道

子宮頸

圖 6-13
胎兒的發育
(a)飄浮在母體羊水
  中的九週胎兒
(b)即將產出的胎兒
(c)懷孕各週的胎兒

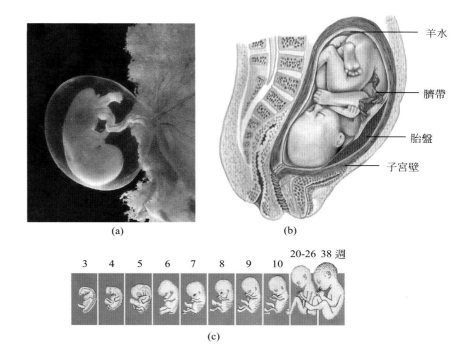

羊水

臍帶

胎盤

子宮壁

(a)

(b)

20-26 38 週

3  4  5  6  7  8  9  10

(c)

體交換。妊娠第九天，胚泡進入
子宮壁著床，由於胎盤的作用而
逐漸發育成胚胎。胚胎第一個月

已有心跳，頭部長成雛形，四肢
萌起。第三個月發育得像個人形，
第五個月胎兒可在羊水中自由浮

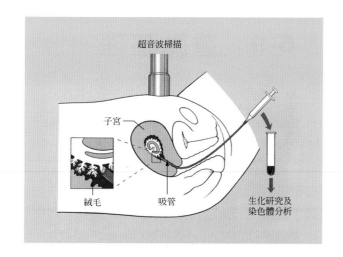

圖 6-14
超音波掃描

我們的身體

超音波掃描

子宮

絨毛　　　吸管

生化研究及
染色體分析

動，第七個月長出人的各個主要
器官，第九個月胎兒準備降生。
正常分娩有三個階段：子宮有規
律的收縮，羊膜破裂釋出羊水，
嬰兒頭先產出開始呼吸，再全身
轉出，胎盤娩出(圖6-13)。

古老年代的婦女們懷了孕，可能
在喜悅中帶有幾分憂愁，尤其是
接近臨盆的日子，她們恐怕產下
怪胎或畸形兒。不久以前，用羊
膜穿刺術提早知道胎兒的性別及
狀況。亦可採用超音波，觀察胎
兒活動狀況(圖6-14)並抽取羊膜
液作生化研究及染色體分析，衡
量胎兒離開子宮後獨立生存的能
力，決定是否要催生或剖腹生產。

　　某些夫妻，渴望有自己的子
女，但因生理的缺陷或障礙，而
未能如願。於是醫師建議採用人
工授精術或試管嬰兒法。其主要

的步驟為：

1.用性激素和某些藥物刺激母體，
　取成熟卵數個。
2.將卵置於試管中，培養 4 至 16
　小時，介入精蟲，使之受孕。
3.受精卵注射入母體，使其成長為
　胎兒。其成長與一般胎兒無異。

　　試管嬰兒的成功率高達40%，
但容易產生多胞胎，應作適當的
防範，圖6-15的一對兄妹雙胞龍
鳳胎試管嬰兒，正是現代醫學的
傑作。

圖 6-15
試管寶寶

# 6-9　重點整理

1. 人體有上皮、肌肉、結締、神經等四種組織。

2. 人之呼吸以肺為主，含有氣管、支氣管、肺泡。肺泡滿佈血管，在此交換氧氣及二氧化碳。

3. 胃將食物蠕動成成糜。小腸擔任大部份消化工作。大腸儲存糞便。肝臟是人體內的化學工廠和代謝中心。胰臟調節胰島素。

4. 血液循環以心臟為動力，血管為通路，血液流遍全身。心臟有左、右二心室和二心房，執行體循環和肺循環。

5. 血液對血管的壓力稱為血壓。人之收縮壓對舒張壓之比，正常值約為 128：74 mmHg。

6. 送富氧血液到全身各部的血管稱為動脈；回到心臟的血管為靜脈。血液中含有血漿、紅血球、白血球、血小板等。

7. 白血球和淋巴擔任主要免疫工作。

8. 內分泌腺(激素)隨血液運行到全身體。激素協同神經系統，指示身體接受控制進行各種活動，例如泌乳素可刺激婦女泌出乳汁。

9. 腎臟有百萬個腎元，為人體濾出毒物及多餘的水份。

10. 神經系統有交感神經、運動神經、周圍神經、中樞神經等，均聽命於頭腦來運作。左半大腦控制身體之右側，右半大腦控制身體之左側。間腦是感覺神經的中繼站，內分泌的最高中樞。延腦職司呼吸、心跳、血壓。

11. 男性的生殖系統有睪丸、副睪丸、陰莖等；女性
則有卵巢、輸卵管、子宮、陰道等。精子和卵子
在輸卵管相遇，則會受精，發育成胎兒，產生新
生命。

12. 瘧疾：Malaria 虎烈拉、Dangue Pever 登革熱
由雌蚊傳播的很嚴重流行病，使人發高燒再驟冷
再高燒，俗稱打粹子，1700 年後用金雞納樹皮萃
取之奎寧服之，頗見藥效，但未根除傳染。最近
由非洲、南亞傳染到台灣，台南和高雄幾乎淪陷，
人心惶惶。2015 年，北京大學屠呦呦從古老藥典
中獲得靈感，自黃蒿萃取得青蒿素證實治瘧疾大
有特效，而獲 2015 年諾貝爾醫學獎。

# 習　題

( )1. 血液循環於整個動物體內，叫做　(A)上皮　(B)結締　(C)肌肉　(D)神經組織。

( )2. SARS 是嚴重的阻斷　(A)呼吸　(B)循環　(C)消化　(D)免疫　症候群。

( )3. H7N9 是一種　(A)狂犬病　(B)狂牛病　(C)禽流感　(D)糖尿病。

( )4. 人的大量消化及吸收作用，均在　(A)大腸　(B)小腸　(C)十二指腸　(D)盲腸中進行。

( )5. (A)肝臟　(B)腎臟　(C)肺臟　(D)胰臟　是人體內的化學工廠，各種物質代謝的中心。

( )6. 糖尿病患者，可以注射　(A)紅血球　(B)白血球　(C)胰島素　(D)生長激素　，用以緩和病情，延長生命。

( )7. (A)肺臟　(B)心臟　(C)胰臟　(D)脾臟　，是最大的淋巴器官，有製造新血球、調節蛋白質等功用。

( )8. 在身體內，促進醣和脂質的代謝，刺激骨骼和肌肉的生長，是　(A)生長激素　(B)甲狀腺　(C)泌乳荷爾蒙　(D)胰島素　的功能。

( )9. 血漿中，成份最多的是　(A)水　(B)蛋白質　(C)電解值　(D)葡萄糖。

( )10.人體內最長的細胞是　(A)淋巴結　(B)肺動脈　(C)大腸　(D)神經元。

( )11.在人類生殖過程中，精子和卵子相遇，正常的
受精位置應該在女體的　(A)卵巢　(B)輸卵管
(C)子宮　(D)陰道。

( )12.高齡或家族有遺傳病史的孕婦，最好懷孕六週
時作　(A)子宮切片檢查　(B)子宮內視檢查
(C)驗血驗尿　(D)超音波照射　，以判斷是否
會產生畸形兒。

( )13.有關癌症和基因方面的知識，下列敘述何者錯
誤？　(A)致癌基因也是細胞中 DNA 的一段
(B)在正常的細胞中，致癌基因是不活動的
(C)如果某人接受香菸、石棉、或放射線等外來
傷害，使癌細胞活化，正常的細胞就變成了癌
細胞　(D)正常細胞分裂成很多細胞，而將癌細
胞排擠掉。

14.人體的四種組織是上皮組織、肌肉組織、結締組
織、＿＿＿＿＿。

15.人體運轉第一要務是＿＿＿＿＿。

16.H7N9 是一種＿＿＿＿＿感。

17.＿＿＿＿＿分泌胃液，且可蠕動，使食物轉化成半
粥狀(糜)。

18.＿＿＿＿＿用來儲存糞便。

19.血液循環，以＿＿＿＿＿產生動力，血管為通路。

20.人的＿＿＿＿＿多達三億個，連同眾多支氣管，組
成肺臟。

21. 人的心臟擁有左、右二心室，和左、右二
　　_____。

22. 骨，支持我們的身體，保持身體形態。
　　骨_____是骨中脂肪狀的半流體，神經和血管
　　貫穿其中，是製造血球的工廠。

23. 脂肪攝食過多，血液中所含_____在動脈壁堆
　　積，血小板流通不順，導致心絞痛等諸多心臟疾
　　病。

24. _____腦協調身體的運動，擔任人之記憶、學
　　習、感情、思考等工作。

25. 牛和羊是草食動物。如果被人餵以葷腥食物，非
　　常可能患_____牛症和羊搔癢症。

# 7 變動的地球

## 學習目標

1. 認識地球的組成，明瞭地殼在不斷地變動，火山、地震和海嘯產生的原因。

2. 了解臺灣的地理環境，臺灣所遭受的各種自然災害。

## 7-1　宇宙中的一顆寵星

地球是太陽系八大行星之一。依序由內而外為水星、金星、地球、火星、木星、土星、天王星、海王星。所謂行星，乃是本身不發熱不發光，繞恆星運轉的星球；木星與土星間還有兩千餘小行星。繞著行星運轉的星球叫做衛星，月球是地球唯一的衛星，木星有 16 顆衛星，土星至少有 17 顆衛星。太陽是一顆本身能發光發熱的恆星，宇宙中已知有 $10^{22}$ 個恆星，當然還有數不清的慧星和隕石等。

地球只是浩瀚宇宙中的微小星球，卻是個非凡奇特的星球。它有堅硬的外殼，表面覆以鬆軟的泥土以及豐沛的水份，外圍再包以流動的大氣，大氣中含有成分固定的氮氣和氧氣，成分變動的二氧化碳和水汽；氧、二氧化碳和水是滋長生物之必需。經過三十億餘年的演化，地球上動植物蓬勃繁衍，種類和數目都非常多，地球是一個充滿生氣活力的星球。

太空人在飛行途中俯視地球，已完全證實地球略為偏平的圓球形。地球的平均半徑為 6367 公里，質量為 $5.98 \times 10^{24}$ 公斤，密度為 $5.54 \times 10^{3}$ 每立方米公斤。已知地球表面岩石的平均密度為 $2.82 \times 10^{3}$ 每立方米公斤，因而可以推想地球內部有比岩石密度更大的物質。當地震的震波穿過不同性質的組織時，呈現不同的波速，遇到物質相異的不連續面而會發生折射。經過地震波的測試，地球的固體部分大致可以分成地殼、地函和地核三大部分（圖 7-1）。地函可能由被壓縮而密度甚大的岩石組成，地核可能為密度更大的鐵和鎳等金屬組成。地函再分成兩部分，兩者之間有一層熔岩組成的半流體，叫做軟流圈，它的流動造成地殼的不穩定，並產生許多地質現象。上部地函和地殼又合稱為岩石圈。

地殼表面約 71 ％為海水覆蓋。海洋地殼以含有輝石和角閃

圖 7-1

固體地球構造：

A. 地殼

B. 上部地函

C. 下部地函

D. 外地核

E. 內地核

F. 大陸地殼

G. 海洋地殼

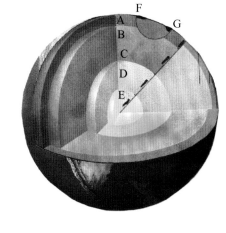

石較多的玄武岩爲主，陸地地殼以含有正長石和石英較多的花崗岩爲主。兩種堅硬的岩石上各有一層薄的沉積岩。

岩石分成三大類。由岩漿冷卻而形成的爲火成岩，再細分有玄武岩、花崗岩、安山岩、黑曜岩等。由高地岩石歷經風化、侵蝕、搬運、沉積到低窪地區生成的叫做沉積岩，有頁岩、砂岩、礫岩、石灰岩等。由火成岩或沉積岩受高溫高壓作用，在組織、結構及礦物成分發生劇烈改變而形成的新岩石叫做變質石，有大理岩、石英岩、板岩等。三種岩石可以相互循環生成(圖 7-2)。

岩石由礦物組成，含量甚多的礦物僅長石、石英、輝石、角閃石、雲母、方解石、橄欖石、黏土等八種，稱爲造岩礦物。

## 7-2　盤古大陸

我們常說：穩如泰山，安若磐石。那只是以人類短暫的生命時間來觀察。實際上，無論是巨石或高山。長年累月歷經風吹、雨淋、冰雪侵凌，大塊岩石會破碎成小塊和泥沙，又被流水沖刷搬運沉積到湖底或海洋，高山也

會夷爲平地，這是地球表面自然的力量。

義大利的水都威尼斯每年要下沉到海中 4 公厘，許多運河上的橋要貼近水面了(圖 7-3)。臺灣高山上常發現海洋生物的化石，實際測量臺灣島每年要升高 5 公厘。這是說明某些地區的地殼在緩緩下降，有些地區又在緩緩上升。地震和火山爆發是地殼變動最明顯的例子，1973 年冰島南方海底火山爆發，在一個星期內就有一座新生小島露出海面；實際上冰島這塊土地就是在一億年前大西洋海底一群火山爆發形成的。美國舊金山市每隔四十年就可能發生大地震，1906 年大地震，地面產生了七公尺寬的大裂縫，1940 年使帝王谷平移 5.5 公尺。1989 年舊金山的灣區有一座雙層

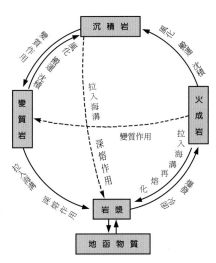

圖 7-2
岩石循環

圖 7-3
水都威尼斯

大橋斷裂，正在行駛的汽車被擠壓成「鋼鐵三明治」。在臺灣也常遭受地震災害，歸因於「鐵牛翻身」，是很不科學的說法。

我們所居住的剛體地殼很不穩定是事實，那麼如何解說此一不穩定狀態呢？早在 1620 年就有科學家提出南北美洲與非洲、歐洲原始連接在一起，後來發生分裂而移開；至到 1915 年德人韋格納提出大陸漂移學說，並提出很多有力證據，大家才信服。這個

圖 7-4
大陸漂移

盤古大陸　　　　　大陸漂移　　　　　現今海陸分佈

學說是：

在兩億年前，地球上只有一塊大陸，叫做盤古大陸，包圍此大陸的只有古太平洋。這個大陸發生了裂縫，先分成兩大塊，再分成數塊，向各方向移動。大西洋誕生並繼續擴大，地中海也在擴大，南極洲和澳洲向南移，印度次大陸北上撞及亞洲大陸，印度洋誕生，喜馬拉雅山被擠而聳高，漸漸形成今日地球陸地海洋分布型態（圖 7-4）。

所提的證據是：

1. 目前大西洋兩岸陸地的曲折邊緣恰可契合，兩邊陸上岩石構造也很一致。

2. 南極洲現在有深厚的煤層。可推斷南極洲曾經位於低緯度地區，有強烈的陽光和豐沛的雨量，植物繁茂，再經山崩地傾而重壓成煤礦。

3. 袋鼠是目前在澳洲最繁殖的動物，在南美洲森林中仍可發現少數，在南極洲找到袋鼠的化石，可見在古老時代此三大洲是連在一起的，後來澳洲向西北方移動，孤立在溫暖的海洋中，未遭受其他動物的生存競爭，而得以大量繁殖。

4. 其他還有古磁場、古氣候、冰河遺跡（圖 7-5）等各洲相通等證據，大家不得不相信古大陸是連在一塊的事實。那麼又是什麼巨大力量能把龐大的地塊撕裂，推移到現在的位置呢？

5. 現在又有科學家在臆測，兩億年後，澳洲和南極洲北移，和亞、美、歐洲接觸，形成如甜甜圈的終極盤古大陸。

圖 7-5
現存冰河和冰河遺跡，循跡探尋，可證明某些陸地在古代曾連結在一塊

## 7-3 板塊運動

第二次世界大戰後，探尋海洋奧秘的工作蓬勃發展，有專門研究海洋的探勘船（圖 7-6），用聲納、鑽探、地震等方式，測量海底地形，岩石性質，沉積物厚

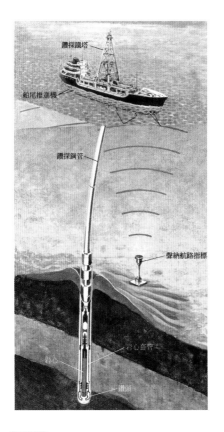

圖 7-6
海洋探勘船及鑽探
工具

圖 7-7
大西洋中洋脊露出
海面的裂谷

度，地磁地熱等資料，收獲豐碩。得知海水深處有一條大山脈，叫做中洋脊。在其頂部稜線上有許多兩三千公尺深的大裂谷(圖 7-7)，裂谷的方向大致和大西洋兩岸平行，有的裂谷還不斷冒出滾燙岩漿，把老的地盤向兩側推移，大西洋因而擴張，歐洲、非洲和南北美洲愈來愈遠離，這就是美國人狄士和海斯的海床擴張學說，也更進一步支持大陸漂移學說。

綜合大陸漂移學說和海床擴張學說，而有更完善的板塊構造學說，其要點如下：

1. 全球地殼有太平洋、歐亞、非洲、南極洲、澳洲和印度、北美洲、南美洲等七大板塊，以及一些較小的板塊，菲列賓板塊算是較小的板塊。

2. 板塊與板塊交界處不一定是現在地理的邊緣，而是中洋脊、海溝、褶曲山脈等。海溝是海洋中陡峭的深溝，深度可達一萬公尺；褶曲山脈是板塊與板塊撞擊而生成的，例如喜馬拉雅山、阿爾卑斯山等(圖 7-8)。

3. 岩漿從裂谷湧出形成新的地殼，老的地殼在海溝處被拉回地函熔為岩漿，構成一個循環。地殼內的高溫熱流亦依此循環產生對流，即裂谷附近為熱流上

升的地方,海溝附近為熱流下降的地方。熱對流的循環帶動板塊的移動(圖 7-9)。

4. 板塊的移動,促使板塊交接地帶產生豐富的地質活動。**張裂性**板塊交界帶岩漿噴出產生許多裂谷,在海洋上使海床擴張,在陸地上形成狹長陡直下降的地塹,例如東非洲大裂谷,沿裂谷噴出岩漿堆積成肯亞山和吉利馬札羅山等著名火山(圖 7-10);後者標高六千餘公尺,是非洲第一高峰。

在**聚合性**板塊交界地帶,板塊受壓力作用而推動。在海洋,較重的海洋板塊下沉形成很深的海溝,沿海溝噴出岩漿生成火山島弧,例如日本和菲列賓等島群。在陸地,比重輕的花崗岩物質向上堆積,生成高山峻嶺,例如喜馬拉雅山和阿爾卑斯山等。第三種板塊交界帶是**錯動性**,形成橫移的斷層,例如美國加州的聖安得里斯斷層,橫斷太平洋中洋脊長達二千八百公里,每隔四十年有一次的舊金山大地震就是沿著此一大斷層發生的。

圖 7-8
阿爾卑斯山

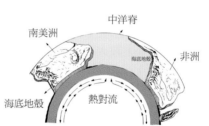

圖 7-9
熱對流是板塊運動的原動力

中洋脊

南美洲

非洲

海底地殼

海底地殼

熱對流

圖 7-10
非洲大裂谷旁的吉利馬札羅山

## 7-4 火山、地震和海嘯

　　全球的火山和地震活動區，大致都在板塊的交界地帶（圖7-11），為板塊運動理論最有力的證據。

　　地球內部蘊藏著高溫高壓的岩漿，流動至地殼隙罅或薄弱處，噴出地表，形成火山。火山噴發有兩種型式。爆炸式噴發，自火山口噴出大量水蒸汽和大小岩石碎屑，威力龐大，聲勢猛烈，噴發物在高空形成數千公尺的蕈狀雲，散發白熱光芒（圖7-12），熾熱的火山灰燼下落地面廣被數百里，遭襲擊地帶房舍蕩失，人畜傷亡。近年來，日本的雲仙和菲列賓的品那土波火山爆發（圖7-12），以及印尼和義大利的火山多屬於此類型。至於夏威夷和冰島爆發的火山，為緩流型。人們可搭乘飛機或在附近觀看，岩漿含二氧化矽甚低，溫度高黏度小而流動容易，氣體容易逸散，使岩漿順坡度緩緩流下，人畜還來得及撤退避免傷害。臺灣屏東地區的泥火山是一種小規模的火山，位於泥岩分布區，天然氣和水蒸汽自地表隙罅向外湧出，蒸汽與泥土混合成泥漿噴出，堆積成錐狀山丘，天然氣遇火則燃燒。

　　在海水面下，發生火山爆發、大地震、或大山崩，使海底的地形發生劇烈的改變，海波洶湧，而產生海嘯。在廣大的海洋中，大小海嘯無時無刻不在發生，並不為船隻或人們注意。當海嘯衝向陸地，如果沒有大山阻擋削弱其能量，海嘯的波浪連接成陣，銳利無比，（圖7-13）衝上陸地，

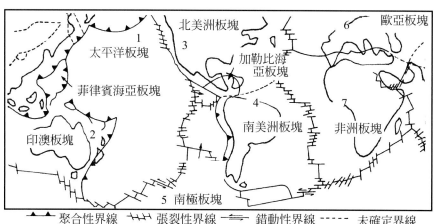

圖 7-11
全球七大板塊

太平洋板塊　菲律賓海亞板塊　印澳板塊　北美洲板塊　加勒比海亞板塊　南美洲板塊　南極板塊　歐亞板塊　非洲板塊

1　2　3　4　5　6　7

▲▲ 聚合性界線　╫╫ 張裂性界線　═ 錯動性界線　---- 未確定界線

圖 7-12
火山爆發

圖 7-13
海嘯

人畜和建築物就將被摧毀。日本福島海嘯即最近發生鮮明例子。

世界上火山及地震成帶狀分布：

## 1. 環太平洋火山地震帶

太平洋東西兩岸全是高山深海相鄰的褶曲區，火山密布，有火環之稱，地震源占全球的 80%。

## 2. 中洋脊地震帶

各大洋的中洋脊山脈附近，長達數萬公里，均屬淺源地震。大西洋的中洋脊又為火山地帶，冰島、亞速爾群島、加那群島等均為海底火山噴發所形成的。

## 3. 地中海橫貫亞洲地震帶

西起直布羅陀，穿過地中海、經小亞細亞、伊朗、喜馬拉雅山兩旁，再南下印尼，和西太平洋地震帶在新幾內亞會合。印度、印尼、中國西南等地也是火山地震頻繁的地帶。

## 4. 東非洲火山帶

沿東非大裂谷兩側，火山噴發而形成了肯亞山和吉利馬札羅等高山。

有火山爆發必伴隨地震。臺灣的大屯山火山群、七星山群，已屬於沒有危險的死火山。

除了火山爆發必定伴隨地震外，只要是地殼斷裂、陷落、或地下岩層移動，都會發生地震。據估計，全球一年中有感地震達數萬次，地殼內蘊積的能量就可洩放一些。地殼漸趨於老化。

臺灣位於環太平洋地震帶的西岸，又可分成三個主要地震帶。(A)西部地震帶，自臺北南方經關西、獅頭山、竹山、關子嶺而至臺南，寬度約八十公里，發生次數不多，但餘震頻繁，震源淺，地殼變動劇烈，災情嚴重，921 車籠埔大地震是近年來最慘烈一次。(B)東部地震帶，自宜蘭北部海底向南南西延伸，經花蓮、成功到臺東，寬一百三十公里，次數多，震源較深。(C)東北部地震帶，自琉球向西南延伸而來，經宜蘭而至蘇澳，震源淺，破壞力強（圖7-14）。

地震不可預測但可預防，最好不要在地震帶上密集建築，如有必要建築，要特別加強其結構強度。地震來臨時應迅速關閉瓦斯電源逃避到空曠地區。下面簡錄一段地震報告：

九十八年七月九日九時三分三十秒。北緯 24.46 度，東經121.84度，即宜蘭南方34.8公里

變動的地球

（標明震央），深 5.3 公里（標明震源，震源與震央的連線與地表垂直）處，發生規模 6.2 級的中級地震，地震強度在蘇澳和南澳為六級，宜蘭和和平為五級，臺北、花蓮、烏來等地為四級。

由地震時所釋放出能量來分級叫做地震規模，規模的級數與所測地點無關。小於 3 者為微小地震，3 與 5 之間者為小地震，5、6、7 級為中地震，大於 7 者為大地震。8.2 規模地震所釋放的能量相當於一千顆投擲於日本廣島的原子彈。2011 年 3 月 11 日，日本關東區發生大地震，福島縣地震規模高達九級，又稱巨級地震，受災慘重，超過廣島原子彈之浩劫。地震強度是臺灣氣象局按地面上的人及建築物實際感受程度而分級。六級為烈震，山崩地裂，房屋倒塌，鐵軌彎曲。五級為強震，牆壁龜裂，重傢俱翻倒。四級為中震，房屋搖動甚烈，不穩物體傾倒。三級以下較無損失。震源愈淺，且在陸地人口較密處，損害愈大。例如在震央花蓮的地震強度為 5 級，在臺東可能是 4 級，臺北可能是 3 級。車籠埔大地震屬於烈震。

## 7-5　臺灣的地理環境

臺灣位於亞洲大陸東緣外海，太平洋中日本島弧與菲列賓島弧的交界點，也是菲列賓海板塊與歐亞陸板塊聚合交界處，以島上中央山脈為交界線，山脈以西屬於大陸沖積層，山脈以東為菲列賓火山灰堆積層。菲列賓海板塊每年向北擠 5 公分，臺灣陸地每年亦抬升 0.5 公分，以此推算，百萬年前的臺灣或許還沉睡

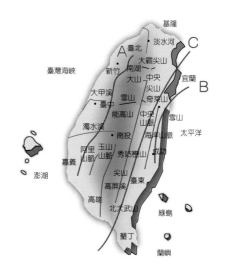

圖 7-14
臺灣地理環境，
A、B、C 為三條
地震帶

圖 7-15
龜山島為火山島

圖 7-16
中央山脈縱貫臺灣
南北，峰奇湖美，
景色雄壯綺麗

圖 7-17
臺灣第一美景，也
是臺灣第一高峰
——玉山雪霽

在海水面下，再過百萬年，或許
臺灣海峽和巴士海峽有可能變成

陸地。

臺灣僅有七星山群及基隆山

群為已不活動的火山群，蘭嶼、龜山島為火山島（圖 7-15）。綠島、小琉球為珊瑚礁，澎湖群島為玄武岩方山。

臺灣山脈有玉山系、中央山系（圖 7-16），阿里山系及海岸山脈，超過三千公尺的高山有兩百餘座，而以玉山主峰（圖 7-17）3952 公尺最高。海拔兩百公尺以上的山地占全島面積 60％。臺灣山地森林密集，植物繁多，是臺灣重要的寶藏，居民應善加愛護。

臺灣河流以中央山脈為分水嶺，東向流入太平洋，西向流入臺灣海峽，以濁水溪、高屏溪、淡水河和大甲溪為最長。臺灣溪谷尚在幼年發育期，多斷崖絕地，瀑布急湍，在溪谷中行進和遊樂應特別小心（圖 7-18）。

臺灣地狹人稠，建築事業蓬勃興旺，建築災害也層出不窮，在建築或購屋之前，理應對所選地之地質因素作慎重的思考。第一，避免位於斷層地帶，遇上地震，就難免陷於崩塌之危險。第二、河川侵蝕地不宜興建永久性建築物，遇上颱風暴雨、水庫洩洪，一夜之間生命財產全付諸洪流。第三、水源區山坡地不可違法興建，汙染河川，害人害己。臺灣四周環海，加上澎湖等外島，海岸線很長，可惜沿岸平直而少曲折。東部太平洋沿岸是上升的斷層海岸，陡直而缺乏良港，西部為平直的沙岸（圖 7-19），水淺而多沙洲與潟湖。有五個國際港

圖 7-18
臺灣多幼年溪谷，
涉水要小心

口，基隆港恰在臺灣海峽與太平洋交界處，為一天然良港。高雄港建於潟湖上，為人工港，營運量最大。另外有中部的臺中港及東部的花蓮港，及新近啟用的新北港。

臺灣西岸隔著臺灣海峽與中國大陸遙遙相望。臺灣海峽深不過兩百公尺，平均寬度兩百公里，最窄處僅一百三十公里，中間又有澎湖群島作為跳板，與大陸似隔實連。臺灣海峽既不能憑持為國防天險，居民也不能以本島有限的物質和人文資源而閉關自守，所幸居民多聰明勤奮，教育程度高，如能團結一致同心協力，必能創造財富開拓光明的前途。

圖 7-19
臺灣北海岸的野柳女王頭是砂岩被海風侵蝕而形成的

## 7-6　地球接受太陽的能量

地球極近乎球形。對準天空中北極星，通過地心畫一直線叫做地軸，與地球表面有兩個交點，向著北極星的那一點叫做北極，背著北極星的一點叫做南極。通過南北兩極在地球表面上可以畫很多大圓，叫做經線或子午線。如畫 360 條等距離的經線，則每相鄰兩經線間為一個經度，全球共有 360 個經度。通過地心垂直地軸得一大圓切面，稱為赤道面，此切面在地球所畫的大圓圈稱赤道。赤道把地球劃分成南北兩半球。從赤道到南北兩極各平行等分九十份，每相鄰兩個逐漸縮小

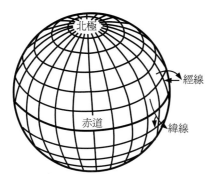

圖 7-20
地球的經度和緯度

北極

經線

赤道

緯線

變動的地球

的圓圈間為一個緯度，南北半球各有 90 個緯度。以赤道為零緯度，南極為南緯 90 度，北極為北緯 90 度（圖 7-20）。以通過英國倫敦格林威治天文臺的經度為零經度，此經度稱為標準子午線，也把地球分為東西兩半球，各擁有 180 經度，至太平洋中央，東西兩經線綜合而為一。地球上任何一點的位置皆可用經緯度來表示，臺灣的嘉義市位於東經 120.5 度，北緯 23.5 度。

在地球上陽光照射較多的地方直立一根竹竿，記下在日照下竿影最短的時刻，下一次竿影最短時刻就歷時一日，也就是地球繞地軸自轉一周的時間，這是人類計測時間的開始。一日的 24 分之一叫做 1 小時，1 小時的 60 分之 1 為 1 分，1 分的 60 分之 1 為 1 秒；1 日有 86400 秒，秒是時間的基本單位。地球也繞太陽公轉，公轉一周歷經 365 日 5 小時 48 分又 46 秒，即 365.244 日，稱為一年。地球繞太陽運行的軌道叫做黃道，黃道所圍的平面叫做黃道面，黃道面與赤道面並不重合，而是相差 23.5 度，也就是地軸與黃道面有 66.5 度的夾角，造成太陽不僅可在正午直射赤道，而且

北面可掃射至稱為北回歸線的北緯 23.5°，向南掃射至南迴歸線的南緯 23.5 度（圖 7-21）。

地球因自轉而有晝夜之分；因公轉而有四季及節氣之分。以北半球人類的觀點來說，太陽直射北緯 23.5 度的那一天可能在 6 月 21 日前後，叫做夏至；直射南緯 23.5 度大概在 12 月 22 日叫做冬至。太陽由北向南經過赤道的那一天是 9 月 23 日前後，稱為秋分；由南向北經過赤道的春分那一天可能是 3 月 21 日。中國以農業立國，對太陽的照射頗有研究，再把全年分成 24 個節氣（它們的名稱見圖 7-22），以指導農人耕作。每個節氣占 14 至 17 日，非常配合太陽的運行，都有它的氣候和農作物生長的特殊意義。

在中國的農民曆法中，每個月的大小是配合月球繞地球公轉的周期（以太陽為準是 29.5 日），再加上適當的閏月，一年的長短又和地球繞日的周期相配合，可說是一種陰（太陰、月球）陽（太陽）綜合的曆法。

一年四季如何劃分？各地區並沒有統一的起訖日期。如果以立春（2 月 4 日）為春季的開始，在臺灣的二月尚稱寒冷。以世界一般的標準來說，每五日的平均

溫度超過二十二度為夏季，低於十度以下為冬季。臺灣平地幾無冬季，僅有幾天是寒流光臨的日子，夏季則非常漫長。習慣上，在臺灣以三、四、五月為春季，六、七、八月為夏季，九、十、十一月為秋季，十二月及次年的一月和二月為冬季。

圖 7-21
一年中太陽直射地球的位置不同，而造成四季。夏至時，北半球見陽光(白色)較多。春分和秋分時，南、北半球所見陽光相同。

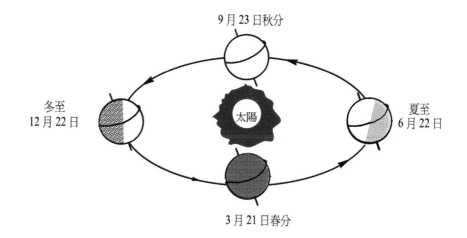

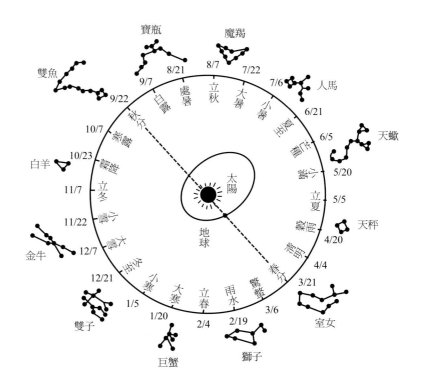

太陽直射的位置決定全球各地日照時間的長短，也就是白晝與夜晚之比。太陽直射赤道時，全球各地晝夜相等。太陽漸北移，北半球晝長夜短，南半球晝短夜長，至北迴歸線，晝夜相差最大，但不同緯度地區差異又各不相同。夏至那天晝夜之比，在臺灣約 13.5 比 10.5，倫敦為 16 比 8；冰島的首都雷克雅未克的白天長達 21 小時，進入 66.5 度以上的北極圈皆為永晝。太陽不落時間的長短在北極圈中各地也各有不同：在北極圈的邊緣只有一天，在 73.4 度有三個月，在北極頂點則從春分到秋分半年內都是永晝，反之從秋分到春分六個月間都是永夜。太陽照射南半球時情況恰巧相反。許多人在夏至趕到挪威北部的北角（北緯 71 度）欣賞 24 小時太陽不落的奇景（圖 7-23）。在夏季到北半球緯度很高的地區遊玩都很盡興；反之秋冬季碰上漫長黑夜，幾乎動彈不得了。

一個地區受日照的長短，當然對它的溫度、氣候、動植物生長，甚至於對民族個性、文化發展和社會經濟都影響甚鉅。

## 7-7　空氣的流動

地球表面有 71％為海水所覆蓋。海洋加上冰川、地下水、湖泊、河流總稱為水圈，水圈占地表面四分之三，而海洋水的質量

圖 7-23
夏至日的北極圈，太陽 24 小時照耀，景色燦爛美麗

卻占水圈總質量的97％以上，空中和陸地的水總共不到 3 ％。太陽光穿過層層大氣來到地球，大部分被地球所吸收再反射，愈靠近地球表面的大氣溫度愈高。自地面計算起，每升高 1 仟公尺，空中大氣的溫度遞降攝氏6.5度，至一萬公尺左右，溫度不再下降，反而有升高的趨勢。在一萬公尺以內，空氣夾帶水分受熱上升，遇冷下降，這種垂直運動稱為對流，此層空氣也稱為對流層。大氣再向上因溫度變化而劃分有平流層、中氣層和增溫層等（圖7-24）。

地面上的水受熱被蒸發到空中成為水汽再凝結為雲。形成雲的條件有二：一是空氣中含水汽量接近飽和，溫度愈低愈容易達到飽和；二是空氣中富有浮游的固體微塵，例如煙、鹽粒、灰塵、冰晶等，充作凝結核，使水汽容易附著而漸漸增大。雲為冰晶和小水滴的聚合，當其聚集夠大了，就以雨、雪、冰雹等形式降落地面，最後又匯聚在海洋形成水的循環（圖 7-25）。

雲依其形態和位置的高低可分成十屬。觀察雲的形狀、厚薄、高低、有助於判斷是否會下雨或下雪。大致而言，雲層愈低，昏暗不透光，愈容易降雨。雲形重疊，形似高塔山嶽，聚集得快，可能會有雷電和暴雨。區域地帶對流空氣極旺盛則有可能降冰雹。

缺雨時期採用人造雨，是在空中散灑乾冰（固態的二氧化碳）或碘化鉀，前者用以降低空氣的溫度，使其容易達到飽和，後者用以增加空中的凝結核。人造雨的目的是聚集空中的水汽使其能在所需要的地區降雨，如該地區水汽貧乏則無實施人造雨的可能，是故遠離海洋的沙漠地帶尚無法用人工的方法改變其地理環境。

空氣有重量，地球表面單位面積所承受大氣柱的垂直重力，叫做大氣壓力，簡稱氣壓。1 個大氣壓力經實驗可使水銀柱升高760毫米，相當於 $1.013 \times 10^5$ 每平方米牛頓，定義為 1013 毫巴，或

圖 7-24
大氣分層圖

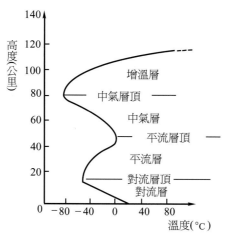

高度(公里)

增溫層
中氣層頂
中氣層
平流層頂
平流層
對流層頂
對流層

溫度(℃)

圖 7-25
水的循環

稱為 1013 百帕，這是常用的氣象術語。我們常見的高氣壓或低氣壓並沒有絕對的數值，如果中心氣壓值較周圍高則為高氣壓，較周圍低則為低氣壓。如果中心氣壓值超過 1020 毫巴，或低於 996 毫巴，那麼判斷它是高氣壓或低氣壓大概不會太離譜。

把氣壓相同的地方連接起來成一閉合曲線，叫做等壓線。氣

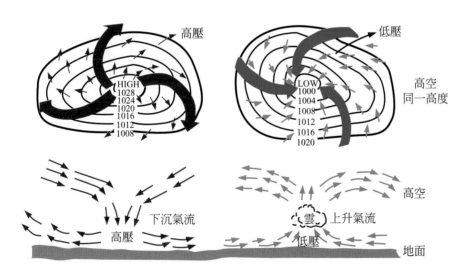

圖 7-26
空氣的流動

壓相等的兩地間不會有空氣流動。在地面附近，空氣是由高壓中心流向低壓中心（圖 7-26），聚集在低壓中心的空氣被迫上升，並攜帶地面的水汽，到高空變冷而流向高壓中心以補充流出的空氣，形成循環。故低壓中心地帶多雲有雨，而高壓中心地帶的天氣多為晴朗。受地球自轉的影響，空氣的流動皆成螺旋狀，在北半球地面，空氣由高壓中心呈順時針方向流出，而以反時針方向流入低壓中心；在南半球，空氣以反時針方向流出高壓中心，而以順時針方向流入低壓中心。

空氣的水平運動形成風。風從那裡來，就叫做什麼風。例如在臺灣冬季盛行的東北季風，就是從海面逆時針方向吹向宜蘭蘇澳地區。海風、陸風、山風等就分從海、陸、山上吹來。

# 7-8　氣象災害

空氣在一廣大平坦的地區滯留很久，受地面影響，發展成溫度與濕度一致的大氣塊，稱謂氣團。氣團皆為高氣壓，有冷氣團與暖氣團兩種。臺灣地區狹小，天氣皆受鄰近氣團影響。在冬季，西伯利亞不斷發展一波又一波的冷氣團，對臺灣吹東北風。當冷氣團南下至臺灣上空，遇溫暖空氣即形成鋒面，稱為冷鋒。鋒面所至之處皆下雨，冷鋒的雨勢不大，但宜蘭蘇澳地區盛行東北季風，且位於迎風面，由海上帶來較多水份，雨勢較大，雨期也較長。冷鋒過境後是冷高壓的範圍，天氣晴朗而氣溫低。南臺灣受中央山脈的屏護，遭冷氣團的影響較小。

太陽從南迴歸線北移，臺灣進入春季，北方冷氣團衰弱，南方太平洋暖高壓生成增強而北上。當冷暖兩氣團在臺灣上空相遇，常常僵持生成滯留鋒面，陰雨綿綿歷時十數天甚至於一個月。春末夏初，暖氣團增強，對流氣流旺盛，會造成局部地區雷大雨，亦可能釀成水災，稱為梅雨。此時印度洋水氣旺盛，沿華南一帶向東流動，流到台灣上空，更助長梅雨聲勢。

夏季的臺灣，在太平洋暖高壓籠罩之下，天氣炎熱少雨，偶而午後有局部雷陣雨，颱風來臨時才會打破此高溫乾燥天氣。如果少颱風少梅雨，春冬季亦少雨使水庫儲水量不夠，就會發生乾旱。乾旱時期，農作物歉收，人與動物的衛生健康均受影響，南臺灣乾旱嚴重情況更甚於北臺灣。

臺灣不算是一個雨量稀少地區，只是河流短促又被嚴重汙染，人們不珍惜使用水源，常常自嚐苦果。

在緯度 5 至 15 度海洋上生成的氣旋式環流空氣，吸收大量的熱及水份，漸漸發展成颱風，中心氣壓極低（約 900 百帕左右），在北半球呈反時針旋轉，外圍空氣急驟向中心傾瀉，造成很大的風速。當其風速達到每秒 17.2 公尺或每小時 60 公里時，稱為輕度颱風，相當於八級風；達每小時 120 公里為中度颱風，每小時 180 公里以上為強烈颱風，相當於十六級風以上。從颱風中心到外圍風速每秒 15 公尺處（七級風）的直線距離稱為暴風半徑，平均約 250 公里，最大者可達 500 公里。

颱風行進方向受大範圍氣流所控制。在北太平洋西部生成的颱風主要受太平洋副熱帶高氣壓環流所導引，多以偏西路徑移動。當其到達臺灣或菲列賓附近海面時，已在高氣壓邊緣，途徑變化多端，有繼續西行者，有的轉向東北，更有在原地停留或打轉者，故判斷颱風的行徑並非易事。圖 7-27 為颱風百年來登陸臺灣之分段統計，以在宜蘭南方 37 次最多，在臺中南方也有一次。圖 7-28 為百年來侵臺路線分析，以掃過南臺灣尾最多，達 107 次，

占 32 %，恆春則是受颱風災害最嚴重地區。有些颱風的行徑非常詭異，例如民國七十五年的韋恩颱風在臺灣來復往返數次，歷時 16 天，被迫發布颱風警報 82 次；八十年的耐特颱風在巴士海峽有

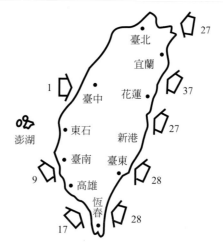

圖 7-27
颱風登陸臺灣地點分段統計

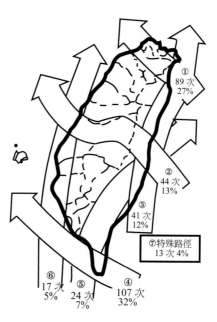

圖 7-28
侵臺颱風路徑分類統計

圖 7-29
1991 年 9 月 22 日
(中秋節)的雙颱風
，襲臺的耐特及遠
洋的密瑞爾颱風。

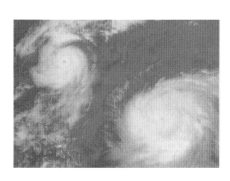

三次 360 度的大逆轉，造成恆春半島蘭嶼風雨連連半個月，也有兩個颱風一起光臨的盛況(圖 7-29)。「天有不測風雲，人力豈能勝天」，天威莫測。

因為颱風是空氣的急速旋轉，產生很強的離心力，正好抵消進入中心的風力，造成中心數十公里範圍無風現象，有暫時風靜雨歇狀態，稱為颱風眼。但颱風眼邊緣卻是風勢最強勁的地方，不可不防。颱風眼過去後，風的方向會作 180 度的改變。

颱風除了風勢強勁外，常挾帶豪雨，造成災害甚大。防颱第一要點是收聽颱風資訊提早準備，低窪地區或山坡地區的居民應特別注意房屋結構，颱風期間及颱風前後儘量減少山區或海岸海上活動。

龍卷風起因於熱帶濕氣團向陸地推進時，遇高空乾冷空氣灌入，發生旋渦運動，形成漏斗狀濃厚的積雨雲。風速殛強，可達每小時 200 公里，超過強烈颱風。龍捲風的範圍很小，預測不易，美國中部每年龍捲風達四百次之多；南台灣每年亦有數次。如察知徵兆，應立即躲入地下室，防風吹襲，也要防屋倒汽車飛之傷害。

"土石流"，乃是颱風和豪雨一起來，加上地質鬆動所造成的。大量的泥土和巨石，從高山、山腰向平地沖刷，宛如瀑布，所到之處，村莊淹沒、人畜喪命，十分可怕(圖 7-30)。

圖 7-30
山崩地裂，土石奔流

# 7-9　重點整理

1. 太陽系有八顆大行星，依序為水星、金星、地球、火星、木星、土星、天王星、海王星。繞行星旋轉的是衛星。宇宙中有許多恆星（太陽是其中的一顆）、慧星等。

2. 地球的年齡約四十六億年，在三十億年前具備了水、氧、二氧化碳，而開始有生物的孕育。地球是半徑為 6367 公里的球體，依構成物質密度而分，固體地球大致可分為地殼、地函、和地核三部分。

3. 地殼的岩石分成火成岩、沉積岩、和變質岩三大類，此三大類岩石可相互循環產生。岩石由長石、石英、雲母、角閃石等各種礦物混合而成。

4. 從地球的形成到目前以及將來，有許多證據顯示地殼是在常常變動。板塊構造學說成功地說明山脈的形成、火山、地震、海嘯的發生，以及許多地質現象。

5. 臺灣位於環太平洋地震帶上，目前沒有火山爆發之虞，但是全島常常有地震。地震的災害很大，平時要作好防災準備，在斷層帶上的建築物要特別加強結構。

6. 臺灣是菲列賓海板塊與歐亞陸板塊聚合交界處，臺灣陸地每年在抬升。島上有中央山脈、玉山山脈、雪山山脈、及海岸山脈。山峰高聳，河流短促，平原狹小，四周環海，海岸線平直，天然環境中平，居民聰明勤奮。

7. 地球繞太陽的公轉軌道叫做黃道。黃道面與赤道面相交成 23.5° 的角度，太陽光在北緯 23.5° 與南緯

23.5°間區域掃射，造成地球上每個地區每段時間接受陽光量不同，而有寒、溫、熱帶之分，及春、夏、秋、冬季節之分。太陽直射北緯 23.5°之日叫做夏至，直射南緯 23.5°之日叫做冬至，有兩次直射赤道之日叫做春分和秋分。中國農曆 24 節氣與西洋星座十二宮都和太陽運行有關。

8. 包圍地球表面的大氣，因溫度的變化可分為對流、平流、中氣、增溫等四層。天氣的變化都在對流層進行。空氣的水平運動形成風。空氣上下對流會夾帶水分，形成雲雨。地表面單位面積所承受大氣柱的垂直壓力叫做大氣壓力，與四周的大氣壓相比，有高氣壓和低氣壓之分。高氣壓中心天氣晴朗，低氣壓中心天氣多陰雨。

9. 颱風是發源於低緯度海面的低氣壓，吸收大量的熱和水份而漸漸形成颱風，風力強大，對人、畜、建築物都會產生極大的危害。颱風常夾帶豪雨，造成水災。五、六月間，鋒面在臺灣上空滯留，造成陰雨連綿，稱為梅雨，也會有大雷雨發生，造成水災。北臺灣全年都有下雨的可能；南臺灣十月至翌年的四月都少雨，如果颱風和梅雨帶來的雨量稀少，可能發生乾旱。

10. 颱風加豪雨，泥土混合石塊，形成洪流，沖刷較低地帶，釀成巨災，稱為土石流。

11. 龍捲風是風速最大的風暴，形如漏斗，來得疾，去也速，災害極大。

# 習 題

1. 太陽系有八顆大行星，依序為水星、金星、_____、火星、木星、_____、天王星、_____。

2. 孕育生物，必需要的物質，除土地外，還有氧、二氧化碳、和液態的_____。

3. 固體地球大概可分為地殼、地函、和_____三大部分。

4. 地殼的岩石可分為沉積岩、火成岩、和_____三大類。

5. 兩億年前，地球上各大陸都連結在一塊，稱為_____大陸。

6. 綜合大陸漂移學說和海床擴張學說的_____學說，可以成功說明火山、地震、山脈形成等地質現象。

7. 臺灣位於環_____火山地震帶上，也是位於_____海板塊與歐亞陸板塊聚合交界地帶。

8. 由地震時所釋放出能量來分級，叫做_____，例如在美國測得為五級，在臺灣也是測得為五級。

9. 臺灣的山脈以_____山脈最長。臺灣最高峰名叫_____山。

10. 太陽正午直射北緯 23.5° 的這一天叫做_____。太陽由南向北移動過程中，正午直射赤道的這一天叫做_____。

11. 海底發生巨大地震，有可能產生_____，如果衝向陸地，亦可能產生重大災害。

12. 冬至的這一天，在_____圈內任何地點都看不到太陽。

13. 雲、雨、颱風等氣象變化，都在大氣的_____層發生。

14. 梅雨和颱風帶來的豪雨是臺灣主要的雨量來源，如果這兩種雨量缺少，南臺灣就會發生_____（氣象災害之一）。

 資源與環境

## 學習目標

1. 了解生物與環境的關係。

2. 對人類賴以生存的資源認識並善予應用。

3. 環境汙染危害人類生存的迫切性，激發人人要愛護我們的地球。

4. 認識新能源

## 8-1　生物與環境

　　生物的生殖成長等活動是要靠土地、空氣、和水份供給營養，生物的活動也使土地、空氣、和水發生改變(圖8-1)。

　　生物在吸取營養和轉換能量的過程中，可分成三個營養階層(圖8-2)：

### 1.生產者

　　植物藉光合作用製造化學物質，營養自己，也提供營養給其他生物。

### 2.消費者

　　自己不能製造食物，吃其他生物以營生。草食動物僅吃生產者(植物)為初級消費；肉食動物以草食動物及植物為食，為次級消費；次級消費又可再分為三級消費、頂級消費等。人類對各種動植物幾乎無所不吃，可算是頂級消費者；當然也會被其他動物或細菌所吃噬。

圖 8-1
地球上各圈相互關係

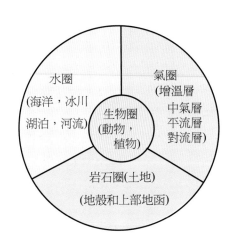

圖 8-2
生物吸收能量的營養階層

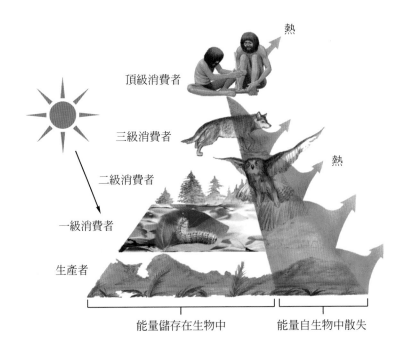

### 3.分解者

細菌和真菌將死亡和腐敗的動植物分解成無機物和二氧化碳，釋放於水、空氣和土地中，被植物吸收繼續生產營養（未在圖中顯示）。

各種生物在消化食物同時會排出水份或其他排泄物，最後都變成熱散失在空中。能量流動是一個不可逆的過程。綜合的結果是：太陽在不斷地消耗它的質量，轉化爲光和熱，卻不能再收回去（圖 8-3）。

地球上有些資源也在各圈中流動，其主要的路線有水循環（圖7-25），氮循環（圖 8-4），磷循環（圖 8-5），和碳循環（圖 8-6）。各種元素以不同的化合物在各個食性層次中流動，但仍限制在地球範圍內，稱爲資源循環。

## 8-2　生物資源

人類賴以生存的物質和能量總稱爲資源。資源來自動物、植物、空氣、水、和土地等，除人以外的生物圈、氣圈、水圈和岩石圈都是人類生存的環境。

植物死去或被動物食用後，相隔一段季節又再生長，稱爲再生資源。人類斬荊闢棘剷除某些植物，種植自己適合食用的植物，稱爲糧食，植物的種類因而減少，此爲人類改變自然環境的第一步。糧食缺乏問題並沒有因爲人類耕種技術進步而減輕，糧食缺乏自古以來都是困擾人類的嚴重問題。由於分配不均、富人浪費和戰爭頻繁等原因，目前全球至少有四分之一的人類處於飢饉和半飢饉的狀態。

圖 8-3
生物系的能量流動

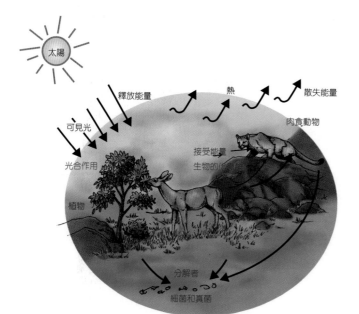

圖 8-4
氮循環

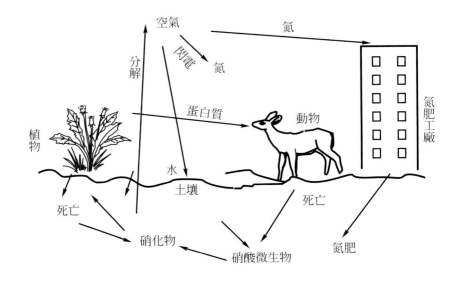

圖 8-5
磷循環

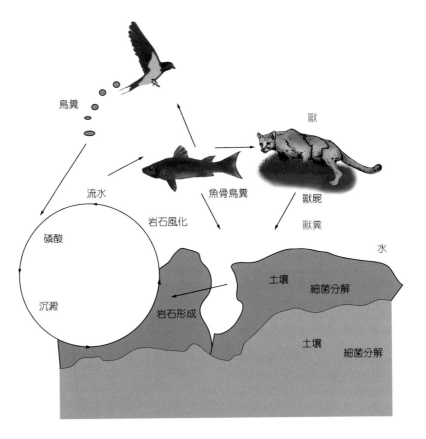

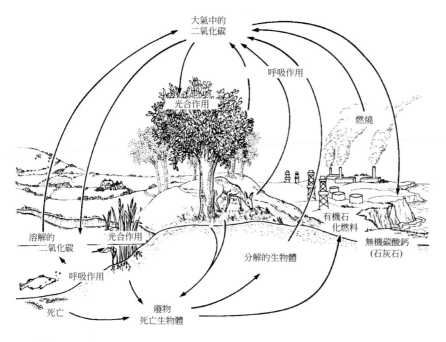

圖 8-6
碳循環

8

資源與環境

大氣中的
二氧化碳

呼吸作用

光合作用

燃燒

溶解的
二氧化碳

光合作用

有機石
化燃料

無機碳酸鈣
(石灰石)

呼吸作用

分解的生物體

死亡

廢物
死亡生物體

　　森林用為燃料和造紙，也是製造房屋、船舶、傢俱的材料，更有涵養水源，鞏固土壤，調節氣溫和降水，參與碳、氮、氧的循環等功用。森林是許多動物的棲息地，眾多植物（尤其是人類生存有關的藥用植物）生長的溫床。人類耗用森林已過度，又為了交通、建築、擴充耕地等目的而加速砍伐森林。沒有森林，那塊土地就會漸漸變為沙漠，目前有許多先進國家已立法保護她們自己的森林，不准任意砍伐；但卻仗著財勢到些落後地區去砍伐森林，亞馬遜河流域和印尼等地的熱帶雨林每年正以千萬公頃的速率消失。森林消失的災害將不會侷限於某一個國家或地區的（圖8-7）！

　　臺灣土地狹小又多高山峻嶺，幸而位於亞熱帶地區，日照充足，雨量豐沛，植物群落繁茂，高大森林原是到處可見。近百年來，人口增加迅速，建築日新月異，樹木森林遭了殃，平地已少見茂盛林相，隨著公路的闢建，開墾地已直逼中央山脈，水土保持欠佳，一遇颱風豪雨，沙石成堆傾塌，淤塞溪河，水災所造成的損失往往超過墾荒所得數倍。政府已有醒悟，林務局的工作已以造林為第一優先，這是居民與樹木共同的福音；如何能阻竭濫

圖 8-7
森林儲存水份，滋養土地，應善加維護

圖 8-8
食物鏈

蚜蟲

墾，輔導山地居民轉業，仍有待努力。

人類仗著優越的武器和化學藥品，幾乎把敵對的動物消滅至絕種，或者是馴服收為己用，是否能高枕無憂呢？實際上舊的問題解決了，新的問題一再衍生。生物圈中各種生物的繁殖已構成食物鏈和食物網（圖 8-8～8-9），一旦生態平衡破壞，就產生一些意想不到的後果。例如蚜蟲吃植物，蜘蛛吃蚜蟲，青蛙吃蜘蛛，蛇吃青蛙，各獲所食，互生互榮。人插手此食物鏈，捕盡殺絕討厭的蛇，又用殺蟲劑對付各種昆蟲，青蛙霸占原野，蜘蛛生存空間銳減，蚜蟲少了天敵而大量繁殖，與人爭吃植物，人們又得想辦法對付蚜蟲。

人類對生物界中相剋相生的關係並沒有完全釐清，已警覺到不能為一己之私利而過份干擾生態平衡，而有「野生動植物保護法」的訂定，自然生態保護區的設立。臺灣土地狹小，仍毅然把許多崇山峻嶺地區劃為國家公園或自然保護區，不僅為了保護景觀，也為眾多生物留一繁衍生息的範圍。瀕臨絕種的黑熊和山雉已顯現身影，表示這塊土地已在甦醒恢復活力中。自然回歸自然，

各種生物欣欣向榮，這才是人類與生物和土地相處之道。

## 8-3 礦產資源和水資源

地球的岩石圈是由多種岩石構成。岩石是由礦物聚合而成。礦物是具有一定化學成分與物理性質的均勻固態物質。礦物約二千餘種，形成岩石的主要礦物有八種：長石、石英、雲母、輝石、角閃石、方解石、橄欖石和黏土。可以取得利用且具有經濟價值的礦物和岩石就是礦產資源。礦產再分為金屬礦產與非金屬礦產。金、銀、銅、鐵、鋁等金屬是建築、交通工具、工業產品、裝飾品的基本原料。非金屬礦產有花崗石、大理石、石灰岩、雲母、石英、玉石、金剛石等，人類很早就利用作武器、建築、裝飾等用途，現在更用為許多化學工業產品的原料。

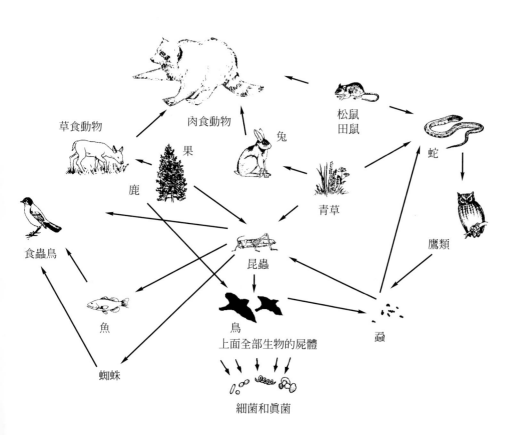

草食動物　肉食動物

果　兔

鹿

松鼠
田鼠

蛇

青草

食蟲鳥

昆蟲

鷹類

魚

鳥
上面全部生物的屍體

蝨

蜘蛛

細菌和真菌

**圖 8-9 食物網**
誰吃了誰，加以排列，稱為食物鏈，例如圖中昆蟲吃草木，鳥吃蟲，蛇吃田鼠。實際上攝食關係不是那麼單純，而是相互交錯成網。

許多礦產是地球開始形成時，歷經許多地質作用富集在一起形成的。礦產一經開採使用，在我們人類活動不到一千萬年歷史中即不會再產度產生，稱為非再生資源。人類開採礦產資源幾乎到了窮山盡水的程度，嚴重破壞水土保持與自然景觀。人們尋求取代材料，已有相當可觀的成果，例如塑膠、纖維，及許多複合材料的問世。目前人類更應致力的工作是：第一，廢物回收，材料可一用再用。第二，愛惜物質，消滅浪費，能不用就盡量不用。

水在海洋、天空、陸地三界循環不息，是一種再生資源，應該是取之不盡用之不竭的，是可再用資源。目前水資源發生問題，肇因於人為不臧：第一，森林砍伐過度，水土保持不佳，導致全球氣候異常，有的地方暴雨連連河流氾濫成災，有的地區久旱不雨，沙漠擴大。第二，人口增殖迅速，又向都市集中，水資源不夠分配。第三、工業發達，農田使用化學肥料，河川湖泊甚至於沿岸海洋汙染嚴重。這種情形，以臺灣島而論可說是觸目皆是，河流多渾濁不敢使用，處理過的自來水飲用也不安心。汙染的水被用以灌溉農田和養殖魚蝦，人體又成了間接的受害者。假如您知道某人得了腎結石、痛風病或癌症或其他不明病症，您是否會懷疑飲了汙染水或吃了含重金屬或致癌物質的食物呢（圖 8-10）？

雨水落在地面，成溪、成河，匯流到大海。大部分雨水會滲入地面以下，成為逕流和儲存水。是支持地殼的力量，不宜超抽應用，以免地層下陷。

## 8-4 空氣汙染

包圍在地球外的大氣，如果能保持淨潔，取用方便，那有什麼可擔憂呢？目前享用乾淨的空氣卻是很大的奢侈。讓我們來看看與人類分秒相關的空氣有些什麼問題。

### 1.煙霧

燃燒煤和重油等化石燃料用以發電或作為工廠動力，放出氣體中含有煤煙、灰燼、石棉、重金屬粒子和硫的氧化物，在寒冷潮濕的冬季，這些煙霧無法浮升到高空分散而凝聚在山谷或高樓大廈間（圖 8-11），濃度過高時會

圖 8-10
青山綠水在臺灣西
部已很少見

致人於死命，1952 年冬天的倫敦就因此類工業性煙霧窒死四千多人。像臺北盆地型的城市，汽機車排出未完全燃燒的氣體中，一氧化碳、二氧化碳、臭氧和許多氮化物，刺激人類眼睛和呼吸器官，結膜炎和咳嗽是都市人常患的疾病。

## 2.酸雨

汽車、燃油發電廠、金屬熔煉廠所排放氣體中，含有硫化物和氮的氧化物，在空中停留一段時間後以乾酸形式沉降，遇雨則以濕酸形式沉降，總稱為酸雨，相當於檸檬汁的酸度，對樹林、農作物、鳥類都有極大的傷害，金屬、塑膠、灰泥、大理石等建材也遭受腐蝕而減短壽命。

## 3.溫室效應

家居陽臺搭個塑膠棚，保持一定溫度用以培養花朵，這個塑膠棚通稱為溫室。在大氣覆蓋下的地球，也有相同的效果。

(1)太陽光穿透大氣，溫暖了地球表面。
(2)地表岩石吸收大部分的熱，並把一部分熱反射到大氣，其中有大部分熱透過大氣再回到太空，小部分仍反射回地面。
(3)如果大氣中含有許多水蒸氣及溫室氣體，好像形成一道屏

圖 8-11
許多工廠的上空，
整年看不見青天

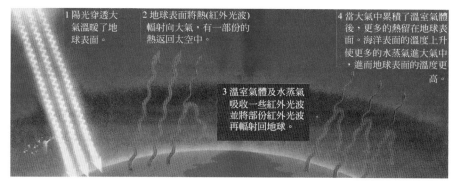

1 陽光穿透大氣溫暖了地球表面。

2 地球表面將熱(紅外光波)輻射向大氣，有一部份的熱返回太空中。

4 當大氣中累積了溫室氣體後，更多的熱留在地球表面。海洋表面的溫度上升使更多的水蒸氣進大氣中，進而地球表面的溫度更高。

3 溫室氣體及水蒸氣吸收一些紅外光波並將部份紅外光波再輻射回地球。

圖 8-12
溫室效應

障，吸收一些紅外光（熱能）並將部分紅外光再輻射回地球。

(4)大氣中累積夠多的溫室氣體後，更多的熱留在地表，使地表的溫度上升很多，而有更多的水蒸汽進入大氣，進而使地球表面的溫度更高。與一般家居溫室略有不同的是吸熱多於散失之熱。

地球表面被循環加熱而聚集熱的行為，稱為溫室效應（圖8-12）。近地面的溫度每升高4℃，全球海水因膨脹使水面升高0.6公尺，將使各地冰河及南極冰層部分融化。如果此種溫室效應日益惡化，海水繼續升高，若干年後，有許多地勢低濱海城市，如高雄、上海、雪梨、溫哥華等

將有被淹沒的可能。氣溫升高，有些寒帶農作物將歉收；喜熱植物或許會增產，但也加速昆蟲繁殖，農作物恐怕要普遍遭殃。下列是溫室氣體的名單，以及它們對大氣溫度升高所分擔責任的百分比（圖 8-13）。

二氧化碳 50％　氟氯化碳 25％
甲　　烷 15％　一氧化二氮 10％

很明顯，工廠及汽車燃燒化石燃料而排放二氧化碳是最大的禍源。氟氯化碳用在冷氣機、冰箱、工廠用溶劑和泡沫塑膠。甲烷由動物糞便分解逸出。一氧化二氮從肥料和動物糞便中釋出。這些多是這兩個世紀急速工業化的產物。

## 4.臭氧層破壞

空氣中有 21％的氧，氧吸收高能量紫外線而形成三個原子的臭氧。臭氧是有臭味有毒的氣體，我們不喜歡它靠近地面。它在數萬公尺的平流層中形成一道臭氧層，吸收了太陽中的絕大部分紫外線，使地球上生物免於遭受高能輻射感染，生物應當感謝可愛的臭氧層。1979 年春天，科學家發現臭氧層變薄，1987 年竟在南極上空出現一個像美國本土那麼大的大洞（圖 8-14）。當然，太陽紫外線可以長驅直入了，地球上浮游植物死了很多，浮游植物是食物鏈中最基本的營養製造者，浮游植物少了，一層影響到次一層，據最近的調查，有些低等動物的 DNA 也有破壞，最後消費者

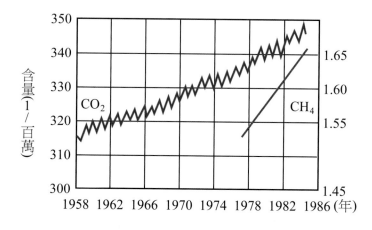

圖 8-13
全球溫室氣體的年增量

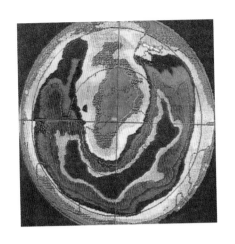
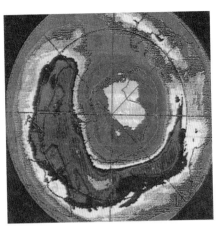

圖 8-14

(a)美國人造衛星「雨雲七號」於1979年在南半球上空所拍攝到的臭氧分布情形,顏色深者表示臭氧層厚,(b)1987年南極上空的臭氧已明顯減少,且出現一個大洞

人類的食物減少。更糟的是,紫外線直接侵犯免疫系統,使人對病毒及寄生蟲感染十分敏感。誰是破壞臭氧層的兇手?火山爆發、太陽黑子活動、噴射機噴出的熱氣都有份,氟氯化碳是一種無臭、無色、無味的氣體,廣泛用於噴霧器、工業溶劑、冷氣機的冷媒、製造泡沫塑膠的材料。這些化學產品多來自於北半球的工業國家,釋放的氟氯化碳經大氣環流由高空飄到南極,接近南極圈的幾個國家,如紐西蘭、阿根廷、智利等地的人民,患白內障和皮膚癌的病人增多,怕見太陽。最近幾年,北半球緯度較低的上空也發現較小的破洞,人們要作有效對策,否則生命就有危險了。

### 5.輻射塵

宇宙中瀰漫了放射性粒子,

在地球表面某一地區,如果不超過 10 毫西弗(mSv),就不會對人體有影響。

## 8-5　能量資源

推動機器為人類做功或產生熱量的物質,都可視為能量資源,簡稱為能源。

### 1.太陽及風

太陽是最直接的能源,也是一切能源之母,接受陽光多的地方,也就可以減少消耗其他能源。採用太陽能源是最經濟最沒有汙染,只是太陽能收集不易,大多數地區日照時間短或不穩定。太陽能的應用有待人類努力開發。太陽能電池和太陽能熱水器現已推廣被採用。

在日照充沛地區，尤其是沙漠地帶，太陽能是最方便最豐富的能源。如圖 8-15 所示，太陽能照射到集光的金屬板上，加熱通過之水管，水管浸沉儲熱槽，熱水和循環水均用幫浦驅動，以供給各分管之熱水。集光金屬板如用電腦控制旋轉。以最佳的角度對準入射之太陽光，則可以得到最佳的太陽能轉換為熱水器光熱效率。如用多面集光金屬板串並聯，太陽能先經過真空隔熱管的氨氣，再把熱交給循環水，產生蒸氣以驅動渦輪機，而帶動電機發電。若用光電二極體的印刷面板來吸收陽光，效率極高，值得推廣。中國的中南部，無論是城市或鄉村，家家戶戶都裝有光電二極板，政府付裝置費，人民樂得減付電費。台灣沿海可取得設置的土地上，已可見利用風及太陽的發電裝置。

圖 8-15
風和太陽(藍色為吸收太陽光的光電二極板)是被看好的能源

### 2.木材及煤

木材是人類最早使用的能源，目前地球上原始森林被人類砍伐殆盡，熱帶雨林每年正以三個臺灣大的面積消失，森林減少，導致水土流失，氣候變遷，人類得不償失，森林中有寶貴的藥材，豐富的野生動物，保護森林比保護野生動物更重要，臺灣的林業已走上栽培重於砍伐的覺醒時代。木材除了用作燃料以外，建築、醫藥、化學原料都從森林中取材，涵養土壤水份，淨化空氣，關連生活品質甚劇。木材的功能是多方面的，目前已不適合大量採伐木材充作能源。

煤是樹木的化石，在幾千萬年前，樹木沒有腐爛時遭受地殼變動，被壓在厚重的地層下，其他雜質逸散或流失，剩下純質的碳，漸漸形成煤礦。有些煤礦暴露在地表面，古早的人們就會利用它作燃料。十八到十九世紀地質學發達，人們可以深入地下挖掘煤礦，成為工業革命主要的動力來源。如今全世界的煤礦幾乎開採殆盡，臺灣原有豐富的煤產，現在也完全停工。煤煉成焦碳，在化學工業也占有極重要的功用，

例如煉鋼，製肥料等，從煤的蒸餾又可提煉出苯，甲苯，酚等化學原料。

### 3.石油、天然氣

石油為古生物遺骸，其中以海生動物化石為主要來源。石油為流體，故需適當的地質（砂岩、頁岩、背斜或向斜褶皺）構造儲存。一旦發現石油儲存，打井至地下，天然氣及石油即循著管線自動流出地面，此因地殼下壓力甚大之故。世界產油地區有中東、阿拉斯加，委內瑞納、智利、巴西、俄羅斯、美國、高加索、印尼等。臺灣用油 99 ％以上仰賴進口。

石油依其沸點及裂煉而獲得許多產品，依分子量由低到高排列如下：天然氣、石油醚、輕油、汽油、柴油、石臘、柏油。各種油品，都有它的用途，石油工業也是重要的化學工業。依目前的速率開採石油，現存量不足五十年之耗用。石油價格高漲，為必然的趨勢。目前有油頁岩的開發，油電車的採用日廣，石油價格下跌，或許是短暫現象。

### 4.生質油

利用甘蔗、甘薯、玉米等農作物，以缺氧、高溫、裂煉而得。用大量的植物提煉。有衝擊糧食供應之顧慮，科學家正努力從海藻、農林、廢棄物方面去開發煉油。德國生產生質油已頗有成就，還從南歐進口垃圾作為提煉生質油的原料。生質油就地取材，用為農村輔助油源，前景看好。

## 8-6　核分裂與核災

原子的半徑約為$10^{-10}$m，原子核半徑約為$10^{-13}$m，，中子或質子的質量皆為電子的 1840 倍。質量大的中子及質子竟侷促於原子中千分之一的區域，一定有一種不可思議的力量束縛，此束縛力稱為核力，必定甚大於質子與電子間的庫倫引力。以鈾 235 為例，鈾核由 92 個質子及 143 個中子組成，核的質量比質子和中子的總質量少，此缺少的質量稱為質量虧損，按照愛因斯坦質能互換公式

能量＝質量虧損×光速的平方

微小的質量虧損，即可產生巨大的能量，此即強大的核能來源。每公斤鈾分裂所產生的熱量，

相當於3仟噸燃煤所產生的熱量。

　　以慢速中子撞擊鈾核，可使每個鈾核分裂成許多較小的其他核，及兩個半中子，並釋放巨大能量。此兩個半中子又可使其他鈾核分裂，而滋生連鎖反應，使足夠的鈾瞬時分裂產生巨大的能量（圖 8-16）。

　　核分裂的同時產生下列三種放射線：

(1)α射線：由氦原子核組成，游離能大，貫穿能小，用一本書就可以阻隔。

(2)β射線：係核中放射出來的負電子或正電子，游離及貫穿能居另兩種射線之中。

(3)γ射線：高能量的電磁波，游離能甚小，貫穿能最大，對人體危害最大，用很厚的水泥牆及鉛板始能衰減其能量，卻不能完全消除。

核爆時，除產生巨大熱能及放射線外，其巨大震波足以使龐大的建築物倒坍。

　　核分裂反應如能控制轉為和平用途即對人類造福不淺，例如應用在醫學、農業、工業產品等。將核熱能吸收於某種流體以推動熱機，進而帶動發電機，此即核能發電，為目前很重要的電源。圖 8-17 為沸水式核反應發電系統，核心為濃縮的二氧化鈾，吸

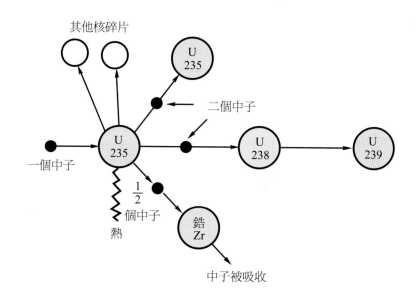

圖 8-16
鈾-235 的核反應

收慢速中子而引起核反應，生成許多碎片，包含鈾及鈽的許多同位素，及兩個半中子。為了使反應爐中的核分裂反應繼續滋生，既不能停止，也不能反應過劇而引起爆炸，用鋯 Zr 合金製成的控制棒，擔任此項控制工作。67 個大氣壓 280℃的水經過核反應器，溫度升至 290℃而沸騰。水蒸氣推動渦輪機而帶動發電機。

由於核反應的威力十分強大，核能發電廠的安全系統是多元性與多重性。多元性是設計時材料與施工品質要求嚴格，反應爐、熱交換器、廠房，均用加強鋼筋混凝土打造，運轉時各部分的維護與檢查細心，提供不同而獨立的方法以執行相同的安全作用。多重性是反應器的安全，發電廠以及工作人員的安全，以及地區人員疏散的問題。核動力工廠的安全記錄比其他任何工業要好，問題是在於一旦發生事故則後果嚴重，這是引起附近居民恐懼的主因。臺灣地窄人稠，耗電日增，核能發電已漸成為電源的主力，如何在應用核能與節約用電間取得平衡，是值得全體同胞深思熟慮的問題。

科學家們目前研究與實行核電廠安全改進之道：

1. 採用石墨棒作為中子的減速劑，石墨不與中子起化學及物理作用，耐高溫，可提高反應器的操作功率。

2. 採用熔鹽作為熱交換介質。400℃以上，鹽熔為液體，不會產生氣體，更不會產生氫氣而

圖 8-17
核反應發電

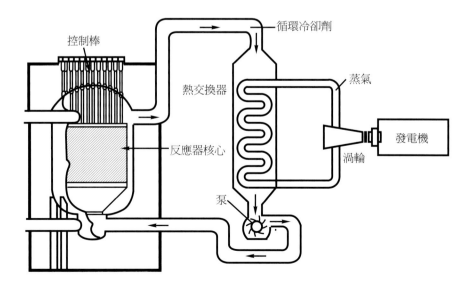

控制棒
循環冷卻劑
熱交換器
蒸氣
反應器核心
發電機
渦輪
泵

引起爆炸。鹽熔又可吸收逸散的輻射塵。

3. 採用釷（Z ＝ 90）作為核燃料。其反應後的殘料，半衰期為 30 年，較鈾之核廢料半衰期 2,400 年易於處理儲存。唯煉釷的製程，亦是煉鈾製核子彈的製程。

　　日本是一個狹長的島國，由火山爆發生成的一連串島嶼組成，位於北美板塊、歐亞板塊、太平洋板塊交接處。諸板塊擠壓、傾軋，形成了日本海溝、馬里亞納海溝等。海溝是地殼較薄的地帶，時常有岩漿自地殼內乘隙噴出，形成海底火山，地震頻繁。2011 年 3 月 11 日，日本東京以北，福島縣區外海，深 24 公尺處，發生芮氏規模九級大地震，掀起 15 公尺高的海嘯，福島鄰近縣市均遭波及，千葉縣煉油廠起火，城鎮鄉村頓成廢墟，死傷達兩萬人。天降大雪，風雪肆虐，搜救困難，倖存者掙扎在冰天雪地之中，真人間煉獄！地震夾海嘯兇猛攻向仙台市諸核電廠，諸廠皆屹立不搖。惟獨福島第一核電廠的電源供給系統被摧殘，核一廠不能正常工作，鋯與水作用而生氫。氫在高溫爆炸，衝破廠房屋頂，大量輻射塵外洩，或汙染空氣，或汙染海洋。舉世恐慌，核分裂發電，不是朋友，而成了巨靈殺手。

## 8-7　氫融合發電

　　檢視眾多的原子核。較大的核種，如能令其破裂，必有質量虧損，伴隨巨大的能量釋出，如前節所示。用兩個較小的核種，融合在一起，生成一個較大的核，例如：

$$_1H^2 \ + \ _1H^3 \longrightarrow \ _2He^4 + \ _0n^1 \ + \ 17.6Mev$$

　　重氫，氘　超重氫，氚　　氦　　中子　　　能量

　　因有質量虧損，亦產生巨大的能量。此即氫核融合產生能量的基本原理。位於中間的核種，例如鈣、鐵等，既不易使其破裂，也不易使其融合，不是核反應的原料。

　　要想由氫核種融合用於發電，還得歷經下列艱辛步驟。

1. 由海水淨製純氘；由鋰化合物淨製純氚。原料來源無虞。
2. 氘核、氚核，都帶正電，當其愈靠近，排斥力愈強。必需有一強大的束縛能令二者就範。此束縛能換算成溫度為 $10^8K$，即 1 億度，太陽內部有此溫度，鈾核爆裂有此溫度。後者為氫核彈所採取的方式。

3.地球上，沒法製造出耐10°K 高溫的容器。目前採用磁場束縛法。以超導體為磁心，通電流於環繞的導線而生強力磁場①（圖 8–18）。注入原料氘和氚②，受磁場的攪動，氘和氚相互碰撞成電漿③漸漸達到10°K 臨界溫度，融合反應啓動。

4.反應所產生的能量，大部份被中子④帶走。中子撞擊發電機的熱能調節器⑤，產生核熱能，經循環液體輸送至熱能交換器⑥。驅使發電機渦輪旋轉⑦，發電哪！

5.只要輸出的電能，是供應束縛磁場能量的 3 倍，整個系統就值得運轉。

6.整個行程產生的放射性粒子不多，半衰期很短，容易處理。如發現危險，減少或停止供給氘或氚即可。

7.中、美、歐已著手積極發展核融合發電，三十年後或可參加供電，屆時石油枯竭，核分裂發電全部廢除。台、日位於颱風和地震頻繁地帶，核能發展不易。供電問題，將是幾國歡樂幾國愁。

## 8-8 汙染防治與環境保護

開發資源與環境保護似乎是相互衝突的兩件事，如何在二者之間取得平衡，有賴於人類的醒悟與實踐，政府更應眼光遠大，全盤考慮，整體計畫，且勿偏護某一利益團體或汲汲於眼前淺利。

### 1.環境監測

廣設空氣監測站，在重要河流及水庫設立自動監測系統，監測飲食用水、灌溉用水和工業用

圖 8-18
氫融合發電

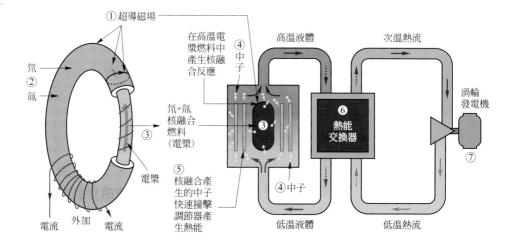

水的品質再作定期檢查。一旦發現汙染程度超過標準，立即謀求對策。

## 2.汙染防治

防重於治，發展生產和保護環境相結合，法律行政與工程技術相結合，人工治理與自然淨化相配合，區域整治與整體環境相配合。

## 3.發展防治汙染科技

從更新工廠設備及更改製造程序著手，不生產汙染高的產品，不採用煙霧的燃料。在都市發展公共捷運系統，以價制量限制乘客少的汽車行駛，鼓勵電動汽車的開發與製造。減少農藥使用，尋求生物相剋的方法來驅除害蟲。

## 4.慎防有毒物滲入食品

這數年來，非人吃的油品滲入食用油，塑化起雲劑等侵入飲料及食品，商人貪圖暴利，明知故犯，危害大眾健康，動搖國本，可視同賣國的內奸，全體同胞應嚴密監視，勇於檢舉，政府應嚴格執法。

## 5.有效規劃環境

新開發都市或住宅，新建工廠，或開礦採石，都要先作好水土保持，考慮污水和廢氣的排放。

## 6.環保教育

利用書報、網路、廣播、電視、展覽等方式向民眾宣傳環保知識與法律。違背環保規定者，輕者罰款，重則受法律制裁，並且要強迫接受環保教育。

## 7.廢物利用

寶特瓶，原是人們喝完飲料的廢棄物，環境的殺手。如果堆積如山的寶特瓶焚燒，黑煙毒氣更是危害人類的健康。遠東公司收集了 152 萬個寶特瓶，先製成 170 萬個立方磚，是極隔熱且堅固的建材，再運用科學特技和建築巧思，蓋了一座 130 公尺長的九層樓大廳，展覽時尚環保成果。大廳周圍環繞風車及水池、風力發電、水氣吸熱，全廳能源自生自足，每天湧入萬人參觀，一致稱讚是最佳的節約能源愛護環境的示範(圖 8-19)。

圖 8-19
寶特瓶環生方舟

## 8-9 愛護地球，人人有責

### 1. 舒適生活、陷人嬌弱

我們都是宇宙中銀河系、太陽系、地球上的人。宇宙遼闊，地球是一個比太陽要小得多的星球，經過四十六億年的演變，才形成我們眼前所見，有山有水的藍色星球。再經過數億年，由細菌、藻類、植物、動物……，漸次演化，才有人類。地球是我們人類共同的母親，她不但創造了萬物，更無怨無悔的撫育我們，竭盡所有的供給我們享用(圖 8-20)。

對我們來說，地球就是世界，世界就是地球，縱然我們可能乘太空船來往各個星球，但地球終究是我們主要活動的環境。在這直徑一萬多公里的星球上，蘊藏了一切我們所需要的物質，在地殼內、地表上，人類勤挖深掘試圖尋找出更多的能源，以合己用；為求生活上的舒適，創造出各式各樣或賞心悅目、或方便省時的物品。在地球本身的煤、石油、天然氣……等能源總有用罄的憂慮下，人們開發了水力、火力、核能發電。電燈給我們光明，冷暖

圖 8-20
從太空看地球

氣機給我們調節溫度，各種工業機器莫不需要電力運轉。人類習於舒適生活，日趨嬌弱，似乎不能一日無電，能源可說是人類生活的支柱，沒有能源，人類幾乎癱瘓。

但是，「禍常發於所輕忽之中，難常起於不深慮之事。」在現代舒適方便生活的背後，工廠不知排放了多少黑煙和污水，每天人類製造了無數的垃圾，焚化它們也排放了大量煙塵。它們慢慢地破壞環境，啃噬地球，而少人察覺；直到近代科學家們各項研究報告，才使人們重視環境保護問題。過度噴灑殺蟲劑，不僅造成空氣汙染、溪河變質、土地中毒，直接促使魚鳥之卵變薄，幼禽幼魚無法孵化或提早死亡。

工廠和汽車大量排放廢氣，使大氣中的二氧化碳和氟碳化物濃度增加，引發了溫室效應和臭氧層破洞。前者使地球溫度逐年上升，有冰河融解和陸地浸入海水之虞，後者使太陽光中的紫外線長驅直入，造成生物許多疾病。但如何防治呢？臭氧層能再補回嗎？我們沒有現代女媧，只有罪魁禍首的人類！放眼望去，我們所知的星空中，只有地球有水有氧氣得天獨厚，人類卻不知珍惜資源，任意消耗能源破壞環境！

## 2. 科技進步，增長私心

人類自詡為萬物之靈，有著各種生物所不及的聰慧頭腦，也裝滿了自私和利益。雖然科技日益進步，說穿了只是為了奪取更大的利益；而人們的自私短視，卻又不允許既得利益被剝削，要想更多的電力使用，卻不願電廠建在自己家鄉。因為人類的開發，多少樹木被摧殘，多少動物瀕臨絕種，為人類提供氧氣的最大功臣——熱帶雨林，也被砍伐得日益縮小的窘境！

終有部分人士覺悟了。科學家們大聲疾呼：不要濫用塑膠製品，節省能源，工廠排放的廢氣和汙水處理後才可釋放。生態保育組織紛紛成立，呼籲大家重視自然環境的保育工作，不要濫捕動物，各種動物都是地球上的生命，包括人類在內，都是食物鏈或食物網中一份子，不可趕盡殺絕。近年來提倡資源回收運動，將用過的紙張、鋁罐、寶特瓶、廢金屬等加以回收，再製成可用品以節省資源。購物儘量用紙製品、竹籐品裝盛，最好自備容器，以免留下太多難以分解的塑膠品。紙張是傳播文化的必需，少製造

圖 8-21
都市中的綠藤逐漸
爬滿牆面

些不必要的印刷品，用過的紙張回收再製，想一想，少砍一棵樹要挽救多少生命，讓我們與大自然共同呼吸，都市要掙脫水泥叢林的窘境（圖 8-21）。

### 3. 我們只有一個地球

現代人忙於工作遊樂，卻疏忽給子女良好的模範，提供子女大筆金錢，使子女習於浪費而摧殘萬物不自覺。我們既使能遺留給子女一大堆股票房地產，走出城市一步卻是光禿禿的山巒和渾濁濁的流水！挽救之道首重教育，成人要革面洗心不再奢侈浪費，子女要節儉樸實永保赤子仁愛之心，不任意殘害生物。

這個地球並不屬於人類專有，它是所有生物所共享，也是宇宙大自然的一份子。地球資源有限，用一分少一分，為了我們後代能繼續繁衍，要克制自己的私心與浪費。人類相互仇視，你爭我奪，掀起戰爭、浪費物質和能量是最愚蠢的行為！野心家得意洋洋，一般民眾惶惶不安，恐末日之來臨，也有人要遷居月球或在太空中尋找第二個可以安身立命的星球，卻仍然只是畫餅的幻想。回頭吧！愛護我們的地球，衷心祈望地球恢復健康，永遠潤育它懷抱中各種生物。我們只有一個地球，別無其他可以替代。

# 8-10　重點整理

1. 生物與環境相依相存，生物離不開水、空氣、和土地。生物在吸取營養轉換成能量過程中，有個營養階層：生產者、消費者、和分解者；人類是頂級消費者。

2. 地球上的資源在岩石圈、水圈、氣圈、和生物圈中流動，藉水循環、氮循環、磷循環、和碳循環等方式而限制在地球範圍以內。地球的能量均來自太陽，最後以光和熱散發在空中。

3. 人類賴以生存的物質和能量總稱為資源。植物是再生資源，礦物是非再生資源，水是可再用資源。空氣是取之不盡用之不竭的資源，空氣遭受煙霧和酸雨的汙染、溫室效應、臭氧層破壞等，都使生命飽受威脅。

4. 能源是推動機器為人類做功和產生熱量的資源。人類利用的能源有太陽、木材、煤、石油、核能等。石油是目前人類應用最方便最頻繁的能源，已有漸漸枯竭之虞。核反應給人類帶來巨大的能量，但人類對核能產生危害的顧忌也很深。

5. 防治汙染與保護環境與開發資源同等重要。對環保教育、環境監測、汙染防治、有效規畫環境，和發展環保科技等工作都要全力以赴，為人類建設一個美好的生活環境，因為我們只有一個地球。

6. 核融合發電，可能成為人類能源明日之星。能量龐大，放射性後遺症極低，控制不難，但達成運轉不易。

# 習　題

（　）1.　人在營養階層中是　(A)生產者　(B)分解者　(C)消費者　(D)兼具有生產者、分解者和消費者三重角色。

（　）2.　植物藉光合作用製造化學物質，營養自己，也提供營養給其他生物，因而植物被稱為　(A)生產者　(B)分解者　(C)初級消費者　(D)次級消費者。

（　）3.　有關太陽的能量，下列敘述何者錯誤？　(A)太陽在不斷消耗它的質量化為能量　(B)地球只接受太陽能量的很小一部分　(C)追溯地球上一切能源，均可說來自太陽　(D)太陽的能量在太陽系中循環，永遠沒有損失。

（　）4.　您對生命的看法，下列敘述何者比較正確？　(A)甲乙　(B)丙丁　(C)甲戊　(D)丁戊。甲、人為萬物之靈，一切動植物皆應人之需要而產生，故一切動植物皆由人來主宰；乙、人要憐惜生命，只可吃植物，不可以吃動物；丙、真正悲天憫物者，絕不可殺生，人不可以吃任何有生命的物質；丁、人是食物網中的一員，也會被細菌或其他動物吃掉；戊、人為了本身的營養和生存，難免要吃食其他生物，但不可以任意殺生和浪費食物。

（　）5.　溫室效應最主要的禍源是　(A)臭氧　(B)甲烷　(C)氯　(D)二氧化碳。

( )6. 氘與氚融合產生能量的起始溫度，高達　(A)一仟度　(B)一萬度　(C)一百萬度　(D)一億度。

( )7. 在南極上空的臭氧層破了一個大洞，對地球所產生最明顯的效果是　(A)南極洲的冰山融化很多　(B)地球的溫度上升　(C)太陽中的紫外線可長驅直入，地球上皮膚癌患者增加　(D)人類的生殖能力減弱。

( )8. 人類對水資源的應用，目前有那些問題？(A)甲乙丙　(B)乙丙丁　(C)丙丁戊　(D)甲丙戊。甲、水使用後不能回收；乙、地球上的總水量漸漸減少；丙、水資源分配不均勻；丁、水資源汙染嚴重；戊、人口增殖迅速，用水量激增。

( )9. 人類對木材和森林的運用，應該持何種態度？(A)大量砍伐用作燃料，以補充石油日漸短缺　(B)開闢森林，轉化爲農田，以增產糧食　(C)開發森林，提供房屋和橋樑的建築材料　(D)植樹重於開伐，使森林擔任涵養水份土壤，調節氣候的工作，也讓野生動植物有繁衍活動地區。

( )10. 有關核能的應用，下列敘述何者錯誤？　(A)目前人類還不能應用氫融合產生的核能來發電　(B)一個鈾核分裂的同時可以產生 10 個以上的中子，使其他鈾核再分裂，產生連鎖反應(C)沸水式核反應發電機的核心，爲濃縮的二氧化鈾　(D)核反應所產生的放射物質中，以 $\gamma$ 射線的能量最高。

(　)11. 有關環境保護的敘述，下列何者正確？　(A)地球逐漸被汙染不適合人類居住，我們要積極尋找其他可代替的星球　(B)在汙染防治工作中，治重於防　(C)使用農藥易造成環境汙染，因而我們致力於生物相剋方法的研究，來驅除害蟲　(D)違背環保規定者，只要繳夠罰款即可，不必再接受環保教育。

(　)12. 有關氫融合發電，下列敘述，何者錯誤？　(A)氘和氚是氫融合發電的原料　(B)達成氫融合的溫度，高達$10^8$ K　(C)用磁場束縛法，使氘和氚相互碰撞成電漿　(D)2013 年，美國的氫融合發電廠已開始運轉發電。

# 附　　錄

# 附錄一　國際度量衡單位

凡是科學都需要用數和量來表達。在自然科學中以物理量為基礎；換句話說，化學、生物、地球科學定量方面都可以用物理量來表達。1960 年國際度量衡總會制定了七種基本量及其單位，列如表 1。

表 1　物理的基本單位

| 基本物理量 | 基本單位 | 英文名稱 | 代號 |
|---|---|---|---|
| 長度 | 公尺(米) | meter | m |
| 質量 | 公斤(千克) | kilogram | kg |
| 時間 | 秒 | second | s |
| 溫度 | 凱爾文(凱氏) | Kelvin | K |
| 電流 | 安培(或安) | ampere | A |
| 光度 | 燭光 | candela | cd |
| 物量 | 莫耳 | mole | mol |
| 平面角 | 補助單位 弳(或弧度) | radian | rad |
| 立體角 | 立弳(或立體弧度) | steradian | sr |

這些基本單位構成了國際通用的公制單位，常稱為SI單位制或公制單位。

其中又以長度、質量和時間為最常用最基本的量，通用於自然科學，茲將其SI單位的最新定義表明如下：

1. 1 公尺等於光在真空中，於 299,792,458 之一秒的時間內，所行經的距離。

2. 1公斤等於國際公斤原器之質量；此標準公斤原器置放在巴黎附近塞佛市國際權度局內。

3. 1秒等於銫133($Cs^{133}$)原子於基態之兩超精細能階間躍遷時，所放出輻射之週期的 9,192,631,770 倍之時間。

日常生活所用之量度，則需製造尺、天平和砝碼、鐘錶等經由標準局比對後採用。

如需用較大或較小的數據，則採用 10 倍數和分數表示，列如表 2。凡是倍數皆用大寫符號，分數則用小寫符號。

表 2　數字的倍數及分數

| 10 的乘冪 | 中文名稱 | 英文字首 | 符號 |
|---|---|---|---|
| $10^{18}$ | 百萬兆 | exa- | E |
| $10^{15}$ | 仟兆 | peta- | P |
| $10^{12}$ | 兆 | tera- | T |
| $10^{9}$ | 十億 | giga- | G |
| $10^{6}$ | 百萬 | mega- | M |
| $10^{3}$ | 仟 | kilo- | K |
| $10^{2}$ | 百 | hecto- | H |
| $10^{1}$ | 十 | deca- | D |
| $10^{-1}$ | 分 | deci- | d |
| $10^{-2}$ | 厘 | centi- | c |
| $10^{-3}$ | 毫 | milli- | m |
| $10^{-6}$ | 微 | micro- | $\mu$ |
| $10^{-9}$ | 奈米 | nano- | n |
| $10^{-12}$ | 微微 | pico- | p |
| $10^{-15}$ | 毫微微 | femto- | f |
| $10^{-18}$ | 微微微 | atto- | a |

例如：1 毫米 $= \dfrac{1}{1000}$ 米，即

$1mm = 10^{-3}m$；1 百萬週 (Hz)即 $10^{6}Hz$ 或 1MHz 等。

　　除了基本單位以外的物理單位均為導出單位，因為均由其定義導出。例如：速度的單位是：$m/s$，能量的單位是焦耳(J)，$1J = 1Kg - m^{2}/s^{2}$。電壓的單位是伏特(V)，Watt(瓦特)是功率的單位，A(安培)是電流的單位。

$$1V = 1\frac{watt}{A} = 1\frac{J}{s - A} = 1\frac{kg - m^{2}}{s^{3} - A}$$

　　有些不是標準的SI單位也常常使用，例如

1 英呎(ft) = 30.48cm(厘米)
　　　　　 = 0.3048m

1 埃(A) = $10^{-10}$m

1 年 = $3.156 \times 10^{7}$s(秒)

1 哩／時 = 0.447m/s

1 磅(lb) = 4.45 牛頓(nt)

1atm(大氣壓) = $1.013 \times 10^{5}$ nt/m$^{2}$

1atm(大氣壓) = 1013 毫巴(百帕)

1Btu(英熱單位) = 1055J
　　　　　　　 = 252cal(卡)

1 卡 = 4.186J

1 仟瓦小時(kWh) = 1 度
　　　　　　　　 = $3.6 \times 10^{6}$J

1 馬力 (hp) = 550ft-lb/s = 746Watt

1eV(電子伏特) = $1.6 \times 10^{-19}$J

# 附錄二　中英名詞對照

依在本書中出現的先後次序排列

## 自然科學

自然科學　natural science

物質　matter

生物　organism

無機體　Inorganism

非生物　inorganic matter

天體運行論　celestial bodies revolution theory

人體構造　human body's structure

血液循環學說　blood circulation theory

萬有引力定律　law of gravity

牛頓運動定律　newton's law of movement

蒸汽機　steam engine

古典物理　clssical physics

量子論　quantum theory

光電效應　photo-electron effect

半導體　semiconductor

電算機(電腦)　computer

太空船阿波羅　apollo spaceship

## 力功熱

質點　particle

位置　position

坐標　coordinate

向量　vector

純量　scalar

位移　displacement

運動　movement

等速直線運動　constant velocity linear motion

速度　velocity

加速度　acceeleration

等加速度運動　constant acceleated motion

變加速度運動　variable accelerated motion

慣性定律　law of inertia

加速度定律　law of acceleration

反作用定律　law of interaction

動量　momentum

國際單位　syste'me international (SI)

向心力　centripetal force

重力　gravity

重力位能　potential energy

彈性位能　elastic potential energy

動能　kinetic energy

摩擦力　frictional force

功率　power

功能守恆定律　law of conservation of energy and work

機械能　mechanic energy

系統　system

浮力　buoyant force

阿基米得原理　Archimede's principle

流體　fluid

阻力　resistive force

昇力　dynamic lift

推力　push

攝氏溫標　celsius temperature scale

絕對零度　absolute zero temperature

凱氏溫標　kelvin temperature scale

熱　heat

內能　internal energy

比熱　specific heat

傳導　conduction

對流　convection

輻射　radiation

熱力學　thermodynamics

熱機　heat engines

冷機　refrigerators

壓縮機　compressor

汽車　automobile

引擎　engine

四衝程　four-stroke cycle

## 聲光電

發電機　generator

電動勢　electrical motive force

磁場　magnetic field

高速列車　High Speed Train,HST

油電混合車　Hybrid Electric Vechicle

歐洲之星　EuroStar

磁浮列車　Magnetic Levitation Train

法拉弟感應定律　Farady's law of induction

電樞　armature

集電環　current-collecting ring

電刷　brush

電池　cell，battery

電極　electrode

電解液　elctrolyte

乾電池　dry battery

鹼錳電池　alkaline manganese battery

燃料電池　fuel cell

蓄電池　storage battery

波　wave

波長　wave length

週期　period

頻率　frequency

橫波　transverse wave

縱波　longitudinal wave

電磁波　electromagnetic wave

宇宙射線　cosmic ray

伽瑪射線　gamma ray（γ ray）

紫外線　ultra violet ray

可見光　visible light

紅外線　infrared ray

紅寶石　.jacinth

氙　Xenon

氦　Helium

電洞　hole

微波　micro wave

無線電波　radio wave

交流電　alternating current

聲源　sound source

音調　tone

音品　timbre

音量　intensity

聲納　sonar

超音波　supersound wave

雙重性　duality

光子　photon

折射　refraction

透鏡　lens

明視距離　distinct vision distance

遠視　myopia

近視　hypermetropia

照像機　camera

攝影機　photography

閃光燈　flash lamp

三原色　three original colors

補色　complementary colors

電子顯微鏡　electron microscope

光學纖維　optical fiber

目鏡　eye piece

物鏡　object lens

電子元件　electrical elements

電子電路　electrical circuit

電洞　hole

二極體　diode

電晶體　transistor

整流　rectification

放大　amplification

振盪　oscillation

調幅　amplitude modulation（AM）

調頻　frequency modulation（FM）

邏輯電路　logic circuit

積體電路　integral circuit

無線電通訊　radio communication

發射機　transmitter

接收機　receiver

微音器　microphone

揚聲器　loudspeaker

耳機　earphone

電視　television

晶片　crystal chip

電漿面板　plasma display panel, PDP

液晶顯示器　liquid crystal display, LCD

光射二極體　Light emitting diod, LED

光電效應　photoelectrical effect

攝像管　camera tube

映像管　picture tube

液晶　Liquid Crystal

畫素　pixel

掃描　scanning

硬體　hardware

軟體　software

中心處理單元　central processing
unit (cpu)

周邊設備　peripherals

記憶單元　memory

作業系統　operating system

隨機存取記憶器　random-access
memory (ram)

僅讀記憶器　read-only memory

可程式僅讀記憶器　programming
read-only memory
(prom)

程式　program

數位系統　Digital system

快門　shutter

光圈　light grate

顯影　develop

共振腔　Resonance Chamber

雷射　laser

原子力顯微鏡　atomic force
microscope, AFM

全像攝影　hologram

全反射　total internal reflection

## 物質與材料

空間　space

質量　mass

物質　substance

材料　material

混合物　mixture

元素　element

質子　proton

中子　neutron

電子　electron

粒子　particle

週期表　period table

原子序　atomic mumber

離子結合　ionic bond

共價結合　covalent bond

金屬結合　metallic bond

自由電子　free electrons

原子核　nucleus

質量數　mass number

同位素　isotopes

核反應　nuclear reaction

微觀　microscopic

宏觀　macroscopic

核分裂　nuclear fission

核熔合　nuclear fusion

熔解　fusion

沸騰　boil

昇華　sublimation

相　phase

高分子化合物　polymers

單體　monomer

聚合反應　polymerization

水泥　cement

混凝土　concereate

鋼筋混凝土　steel concereate

光學玻璃　optical glass

自然科學概論　**217**

玻離纖維　glass wool

石油　petroleum

分餾塔　distillation tower

汽油　gasoline

柴油　diesel

裂煉法　cracking method

改質法　reforming method

辛烷值　octane number

(油)頁岩　shale (oil)

熱塑性塑膠　thermoplastics

熱固性塑膠 thermosetting plastics

合成纖維　synthetic fiber

尼龍　nylon

固態　solid

液態　liquid

氣態　gaseous

聚脂　polyester

奈米　nanometer, nm

原子團　atom cluster

奈米球　nanosphere

碳奈米管　carbon nanotube, CNT

原子力顯微鏡　atomic force
　　　　　　　　microscopy, AFM

富勒烯　fullerene

## 生物世界

生命現像　life phenomena

細胞　cell

組織　tissue

器官　organ

系統　system

生物　organism

細胞核　nucleus

細胞質　cytoplasm

細胞膜　cell membrane

內網質　endoplasmic reticulum

粒線體　mitrochondria

核糖體　ribosomes

高基氏體　Golgi bodies

中心體　centromere

液泡　vacuoles

葉綠素　chlorophyll

葉綠體　chloroplasts

細胞壁　cell walls

微管　microbodies

溶小體　lysosomes

細胞周期　cell cycle

去氧核醣核酸　deoxyribonucleic
　　　　　　　　acid（DNA）

去氧核醣　deoxyribose

RNA 核醣核酸　Ribonucleic acid

單醣　monosaccharide

葡萄糖　glucose

果糖　fructose

乳糖　lactose

雙醣　disaccharide

多醣　polysaccharide

脂質　lipid

脂肪酸　fatty acid

磷質　phospholipid

質膜　plasma membrane

維生素　vitamin

膽固醇　cholesterol

蛋白質　proteins

氨基酸　amino acid

酜鏈(肽胜)　peptide

多酜鏈　polypetide

胰島素　insulin

核苷酸　nucleotide

腺核甘三磷酸　Adenosine triphosphate，ATP

腺核甘二磷酸　Adenosine diphosphate，ADP

光合作用　photosynthesis

代謝作用　metabolism

分解代謝　catabolism

合成代謝　anabolism

酶　enzyme

觸媒　catalyst

有絲分裂　mitosis

減數分裂　meiosis

自營性生物　autotrophic organism

世代交替　alternation of generations

孢子囊　sporangia

無性生殖　asexual reproduction

有性生殖　sexual reproduction

營養繁殖　nutrient fertilization

體外受精　external fertilization

卵生　oviparous

胎生　viviparous

哺乳動物　mammal

性狀　character

遺傳　inheritance

基因　gene

染色體　chromosomes

核苷酸鏈　nucleotides chain

腺嘌呤　adenosine

胸腺嘧啶　thymine

鳥糞嘌呤　guanine

胞嘧啶　cytosine

遺傳密碼　genetic code

聚合物　polymerism

性染色體　sex chromosomes

遺傳工程　genetic engineering

致癌基因　oncogenes

癌　cancer

端粒　Telomere

惡性腫瘤　malignant tumor

免疫細胞　immune cell

複製動物　duplicate animals

人造染色體　artificial chromosomes

演化　evolution

化石　fossils

物種原始論　on the origin of species

天擇　natural selection

基因改變　gene drift

基因流動　gene flow

靈長類　arboreal

## 我們的身體

組織　tissue

上皮組織　epithelial tissue

肌肉組織　muscle tissue

結締組織　connective tissue

神經組織　nervous tissue

細菌　germ，bacteria

肺臟　lungs

支氣管　bronchus

病毒　poison，venom

肺泡　alveolus

嚴重阻斷呼吸症候群　Sever Acute
　　　Respiratory Syndrome，SARS

微血管　capillary

禽流感　Birds flu，Aviation
　　　　Influenza

鼻腔　nasal cavity

咽　pharynx

喉　larynx

消化　digestion

氣管　trachea

口腔　oral cavity

食道　esophagus

肝　liver

瘟疫　epidemic

胃　stomach

胰臟　pancreas

腸　intestine

直腸　rectum

肛門　anus

心房　atrium

心室　ventricle

心臟　heart

房室瓣　atrioventri-cular valve,
　　　　AV value

動脈　artery

動脈瓣　arteries value

靜脈　vein

收縮壓　systolic pressure

舒張壓　diastolic pressure

高血壓　hypertension

膽固醇　cholesterol

血壓　blood pressure

骨髓　marrow

血漿　plasma

血球　blood cell (red and white)

細菌　bacteria

病毒　Poison，venom

幹細胞　stem cell

血小板　platelets

免疫　immunity

天花　smallpox

預防接種　inoculation

吞噬細胞　phagocytes

發炎　inflammation

抗體　antibodies

抗原　antigen

淋巴　lymph

淋巴管　lymphatic vessel

淋巴結　lymph node

扁桃腺　tonsil

胸腺　thymus gland

甲狀腺　thyroid gland

脾　spleen

激素、腺素、分泌腺、荷爾蒙
　　hormone

內分泌腺　endocrine

腎上腺　adrenal gland

糖尿病　diabetes mellitus

泌乳素　prolactin

生長激素　somatotropin

性腺　gonads

腎臟　kidney

腎元　nephrons

腎盂　renal pelvis

輸尿管　urethra

膀胱　bladder

血液透析術　blood dialysis

愛死病(AIDS)後天免疫不全症候群
　　acquired immune deficiency
　　syndrome

神經　nerve

神經元　nervon

腦　brain

大腦　cerebrum

小腦　cerebellum

視丘　thalamus

後腦　hindbrain

中腦　midbrain

前腦　forebrain

延腦　medulla

橋腦　pons

狂牛病，牛瘟　rinderpest

海綿狀腦病　spongiform
　　　　　　encephalopathies

羊搔癢症　epilepsy

輸精管　vas deferens

陰莖　penis

睪丸　testis

攝護腺　prostate gland

儲精囊　seminal vesicle

子宮　uterus

陰道　vagina

卵巢　ovary

子宮內膜　endometrium

輸卵管　oviduct

月經　menses

精子　sperm

卵子　egg

體內受精　internal fertilization

著床　implant

胚胎　embryo

胎兒　fetus

## 變動的地球

地球　earth,the globe

太陽系　solar system

行星　planet

衛星　satellite

慧星　comet

隕石　meteorite

地殼　crust

地函　mentle

地核　core

火成岩　igneous rock

沉積岩，水成岩　sedimentary rock

變質岩　metamorphic rock

岩石循環　rock cycle

岩石圈　lithosphere

造岩礦物　rock-made minerals

盤古大陸　pangaea

大陸漂移說　continental drifttheory

海床擴張說　ocean bed expansion theory

板塊運動　plate movement

板塊構造學說　plate tectonics theory

海溝　ocean ditch

褶曲山脈　folding mountain

軟流圈　asthenosphere

張裂板塊交界帶　divergent plate boundary

聚合板塊交界帶　convergent plate boundary

火山　volcano

地震　earthquake

海嘯　tsunami

複合災難　catastrophe

中洋脊　submarine ridge

震源　hypocenter

震央　epicenter

潟湖　drain lake

北極星　axis

北極　north pole

南極　south pole

經度　longitudinal

子午線　meridian

赤道　equator

緯度　latitude

黃道　ecliptic

北回歸線　tropic of cancer

自轉　rotation

公轉　revolution

春分　vernal equinox

夏至　summer solstice

秋分　autumnal equinox

冬至　winter solstice

氣壓　atmospher pressure

北極圈　arctic circle

對流層　troposphere

平流層　stratosphere

中氣層　merosphere

增溫層　themosphere

水的循環　water circulation

氣象災害　meteorological calamity

氣團　airmass

冷鋒　cold front

滯留鋒　stationary front

梅雨(雨季)　rainy season

颱風　typhoon

印度洋　cyclone

東北季風　north-east monsoon

颱風眼　eye of typhoon

龍捲風　tornado

## 資源與環境

營養階層　trophic levels

碳循環　carbon cycle

磷循環　phosphorus cycle

氮循環　nitrogen cycle

生物圈　biosphere

食物鏈　food chain

食物網　food web

能量流動　energy flow

資源循環　cycling of resources

再生資源　regenerative source

非再生資源　non-regenerative
　　　　　　source

可再用資源　repeated use source

酸雨　acid rain

溫室效應　green house effect

臭氧層　ozone layer

能源　energy source

生質油　bio oil

核力　nuclear force

核能　nuclear energy

質量虧損　mass deficiency

鏈鎖反應　chain reaction

核能發電

nuclear energy generation

核分裂　nuclear fission

核融合　nuclear fusion

磁束縛　magnetic confine

沸水式核反應器

boil-water type nuclear reactor

汙染　pollution

環境保護　environment protection

環境監測　environment monition

# 附錄三　習題解答

## 第一章

學生報告作業，無標準解答

## 第二章

1.C　2.C　3.A　4.D　5.B

6.D　7.D　8.A　9.B　10.A

11.B　12.B　13.A　14.A　15.A

16.B　17.D　18.D

19.輻射　　20.進氣

## 第三章

1.D　2.A　3.A　4.C　5.A

6.C　7.D　8.C　9.D　10.B

11.A　12.B　13.D　14.D　15.C

16.D　17.C　18.D　19.B　20.D

21.發電機　　22.電晶

23.積體　　24.記憶

## 第四章

1.A　2.C　3.A　4.D　5.C　6.D

7.A　8.B　9.D

10.物質　　11.$1.67 \times 10^{-27}$

12.週期　　13.一百

14.融合　　15.吸

16.氨($NH_3$)　　17.光合

18.混凝　　19.石油

20.固　　21.塑膠

22.$10^{-9}$　　23.六，五

24.金屬，圈環

## 第五章

1.A　2.A　3.A　4.A　5.C　6.D

7.D　8.D　9.B　10.B　11.B

12.呼吸、營養、生殖

13.細胞　　14.減數

15.基因　　16.運動

17.水、葉綠素

18.儲存　　19.蛋白質

20.能量　　21.傳譯

## 第六章

1.B　2.A　3.C　4.B　5.A　6.C

7.D　8.A　9.A　10.D　11.B

12.D　13.D

14.神經　　15.呼吸

16.禽流　　17.胃

18.大腸　　19.心臟

20.肺泡　　21.心房

22.髓　　23.膽固醇

24.大　　25.狂

## 第七章

1.地球、土星、海王星

2.水　　3.地核

4.變質岩　　5.盤古

6.板塊構造　7.太平洋、菲列賓

8.地震規模　9.中央、玉

10.夏至、春分

11.海嘯　　12.北極

13.對流　　14.乾旱

## 第八章

1.C　2.A　3.D　4.D　5.D

6.D　7.C　8.C　9.D　10.B　11.C

12.D

國家圖書館出版品預行編目資料

自然科學概論 / 王應瓊編著. -- 六版. -- 新北市
: 全華圖書, 2017.07
　　面；　公分
　ISBN 978-986-463-585-6(平裝)

1.科學

300　　　　　　　　　　　　　106010454

# 自然科學概論

作者 / 王應瓊

發行人 / 陳本源

執行編輯 / 李孟霞

封面設計 / 楊昭琅

出版者 / 全華圖書股份有限公司

郵政帳號 / 0100836-1 號

印刷者 / 宏懋打字印刷股份有限公司

圖書編號 / 0321605

六版二刷 / 2020 年 3 月

定價 / 新台幣 370 元

ISBN / 978-986-463-585-6(平裝)

全華圖書 / www.chwa.com.tw

全華網路書店 Open Tech / www.opentech.com.tw

若您對書籍內容、排版印刷有任何問題，歡迎來信指導 book@chwa.com.tw

---

**臺北總公司(北區營業處)**
地址：23671 新北市土城區忠義路 21 號
電話：(02) 2262-5666
傳真：(02) 6637-3695、6637-3696

**南區營業處**
地址：80769 高雄市三民區應安街 12 號
電話：(07) 381-1377
傳真：(07) 862-5562

**中區營業處**
地址：40256 臺中市南區樹義一巷 26 號
電話：(04) 2261-8485
傳真：(04) 3600-9806